APICULTURE PRATIQUE

★

LES RUCHES

CHOIX ET AMÉNAGEMENT

PAR

Paul LEMAIRE
Lauréat de la Société des Agriculteurs de France.

Avec 52 figures

PARIS
LIBRAIRIE J.-B. BAILLIÈRE ET FILS
19, RUE HAUTEFEUILLE, 19

1918

APICULTURE PRATIQUE

LES RUCHES

CHOIX ET AMÉNAGEMENT

LIBRAIRIE J.-B. BAILLIÈRE ET FILS

Apiculture, par R. Hommell, ingénieur agronome, professeur régional d'Apiculture, 2e édition, 1912, 1 vol. in-18 de 460 pages avec 174 fig. (*Encyclopédie Agricole*)..... 5 fr. 50

Le Rucher, Manuel pratique d'Agriculture, 1912, par C. Arnould, 1 vol. in-18 de 354 pages avec 131 figures, cartonné. 5 fr.

Les Cires. Production, consommation, analyses, usages, par C. Arnould, 1910, 1 vol. in-8 de 180 pages avec figures. 3 fr.

Calendrier de l'Apiculteur, par C. Arnould, 1908, gr. in-8, 88 pages avec figures........................ 1 fr. 50

Traité de Zoologie agricole, comprenant la pisciculture, l'ostréiculture, l'apiculture et la sériciculture, par F. Brocchi, professeur à l'Institut national agronomique, 1886, 1 vol. gr. in 8 de 984 pages, avec 603 figures, cartonné...... 18 fr.

Tableau montrant l'histoire de l'abeille, par L. Coulon, 1908, gr. in-8.................................. 1 fr. 25

Notes sur l'Abeille et l'Apiculture dans l'antiquité, par R. Billiard, 1900, gr. in-8, 111 pages avec figures.. 2 fr. 50

Sériciculture, par P. Vieil, adjoint à l'inspection de la sériciculture en Indo-Chine, 1905, 1 vol. in-18 de 360 pages, avec 50 figures (*Encyclopédie Agricole*)............. 5 fr. 50

L'Amateur d'Insectes, par L. Montillot, 1890, 1 vol. in-18 de 352 pages, 197 figures, cart...................... 5 fr.

Les Insectes nuisibles, par L. Montillot, 1891, 1 vol. in-18 de 306 pages, avec 156 fig., cart..................... 5 fr.

Entomologie et Parasitologie agricoles, par G. Guénaux, chef de travaux à l'Institut national agronomique. *3e édition*, 1917, 1 vol. in-18 de 528 pages, avec 413 fig. (*Enc. agr.*). 5 fr. 50

APICULTURE PRATIQUE

★

LES RUCHES

CHOIX ET AMÉNAGEMENT

PAR

Paul LEMAIRE

Lauréat de la Société des Agriculteurs de France.

Avec 52 figures

PARIS

LIBRAIRIE J.-B. BAILLIÈRE ET FILS

19, RUE HAUTEFEUILLE, 19

1918

DU MÊME AUTEUR :

La conduite du rucher, 1918, in-vol. in-18........ 2 fr.

Les Produits du rucher, 1918, 1 vol. in-18........ 2 fr.

PRÉFACE

La crainte des piqûres d'abeilles et le souvenir des cuisantes douleurs qu'elles occasionnent font regarder parfois l'apiculture comme un art éminemment dangereux. Il serait puéril de s'exagérer ainsi les inconvénients du métier. Cela prouve seulement qu'il convient de s'approcher du rucher avec quelques précautions. L'abeille, en effet, n'est pas naturellement agressive. Dans les jardins où elle butine, on ne la voit pas s'attaquer aux personnes. Si on la poursuit, elle s'empresse de prendre la fuite. Elle n'est vraiment hostile qu'auprès de sa ruche, s'il lui semble reconnaître dans le visiteur un ennemi, qui en veut à son couvain ou à ses provisions. Avec un peu d'adresse, l'apiculteur ne sera même pas piqué en faisant sa récolte de miel : il saura prendre l'abeille « par le bon bout », en envoyant sur les rayons, lorsqu'il ouvrira la ruche, quelques bouffées de fumée.

Ce serait une autre erreur de s'imaginer que l'art d'exploiter les abeilles est très difficile, et exige des soins minutieux et constants. L'entretien d'une dizaine de ruches n'est pas un travail très considérable (1). A la campagne, beaucoup de personnes peuvent se livrer à cette intéressante occupation, et elles en retireront grand profit. Dans les années d'abondance, outre le miel qu'elles garderont pour leur propre consommation, elles pourront en livrer au commerce une certaine quantité, et tirer ensuite de la récolte de cire un véritable bénéfice.

Disons enfin que les abeilles n'enrichissent pas seulement l'agriculteur par leur travail ; elles sont encore bienfaisantes pour les fleurs. En allant butiner, elles contribuent pour une large part à les féconder (2). En récoltant pour elles, « elles accomplissent ainsi des milliers de mariages » par la distribution des poussières fertilisantes qu'elles emportent sans s'en douter. Voilà pourquoi, comme le dit excellemment le poète :

L'abeille étant utile à notre horticulture,
On devrait propager partout l'apiculture;
Le résultat serait des plus avantageux,
Car on aurait des fruits plus beaux et plus nombreux.

(1) Les abeilles sont d'un bon rapport à cause du miel et de la cire qu'elles font, et des essaims qu'elles donnent. Elles demandent relativement peu de soins.

(2) La visite de l'abeille a encore un autre résultat. Elle assure la fructification, en détachant de la corolle des fleurs les larves invisibles d'insectes, qui s'introduiraient sans cela dans l'enveloppe du fruit, au moment de sa formation.

LES RUCHES

CHAPITRE PREMIER

FIXISME ET MOBILISME

Diverses sortes de ruches. — L'élevage des abeilles se fait dans des réceptacles de paille ou de bois, de diverses formes, que l'on appelle ruches.

Toutes les ruches aujourd'hui en usage peuvent se ranger en deux grandes catégories : les *ruches à rayons fixes* qui sont en France les plus répandues, et les *ruches à rayons mobiles* dont chaque gâteau de cire, suspendu dans un cadre séparé, peut être enlevé, puis remis dans la ruche, sans déranger les autres cadres, comme on fait d'un livre dans une bibliothèque (1).

Fixisme et mobilisme. — Fixisme et mobilisme divisent encore aujourd'hui le monde des apiculteurs Toutefois, après les progrès si nombreux et si importants du mobilisme, on peut affirmer, sans crainte de démenti,

(1) Selon une juste expression d'un apiculteur, les fixistes manient la ruche, tandis que les mobilistes manient le cadre, plus léger et plus commode.

que s'en tenir actuellement aux vieilles ruches en paille de nos pères, ce serait : *inventa fruge, glandibus vesci.* Il est hors de doute que le système mobiliste finira par l'emporter.

Fig. 1. — Ruche à rayons fixes pourvue d'un surtout de paille.

Avantages du mobilisme. — La ruche à cadres mobiles permet, en effet, à l'apiculteur d'en visiter toutes les parties, de se familiariser avec les abeilles, et de se rendre un compte exact de l'état de la colonie. L'homme devient véritablement le maître des abeilles. Il peut enlever à son gré leurs constructions de cire, en examiner les beautés, voir avec quelle habileté les rayons sont construits. Il peut les transporter d'une ruche à l'autre. Il a la facilité d'observer les diverses phases, par où passent les œufs et les larves. Il empêche, s'il le désire, l'essaimage naturel, et limite la naissance des mâles. L'élevage des reines et l'essaimage artificiel ne sont qu'un jeu pour lui. Il remplace la mère abeille, si cela lui plaît, par une reine plus jeune, élevée par lui, ou venue des pays lointains. Il extrait le miel de la ruche sans qu'il lui soit nécessaire de briser et de détruire les rayons, qu'il pourra rendre aux abeilles, ce qui leur permettra d'économiser leur travail et leur temps. En cas de maladie, il soigne ses insectes d'une façon intelligente et efficace.

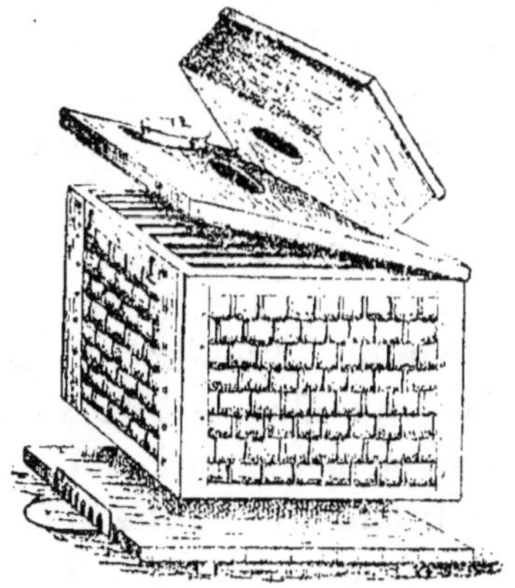

Fig. 2. — Ruche vosgienne à cadre.

Enfin, la ruche à cadres mobiles permet à l'apiculteur d'avoir des colonies formidables qui emmagasinent, en quelques jours, dans les rayons, d'immenses quantités de miel.

Les ruches fixes, au contraire, par leur faible capacité favorisent l'essaimage naturel ; elles ne permettent pas de se rendre compte de ce qui se passe à l'intérieur ; elles offrent des difficultés insurmontables pour la surveillance ou la manipulation : il faut deviner, en quelque sorte, l'état de la colonie et ses besoins.

CHAPITRE II

RUCHES FIXES

Les premières ruches. — Les premières ruches furent sans doute assez grossières. On se servit d'abord vraisemblablement de troncs d'arbres évidés, puis on fabriqua des paniers d'osier qu'on enduisit d'argile : telles étaient les ruches du temps de Virgile. On fit aussi des ruches de liège, de férules, on employa même des vases en poterie.

Les ruches furent successivement coniques, rondes, carrées.

Ruches fixes actuelles. — Tous les modèles de ruches fixes se ramènent à deux types principaux : la ruche à compartiment unique, et la ruche à plusieurs compartiments.

Ruche commune ou vulgaire. — La première de ces ruches, c'est la *ruche commune* ou *vulgaire*, la ruche en cloche. C'est la plus simple et la plus gracieuse. Elle est le plus souvent faite en paille (1). Elle a un grand inconvénient : pour en retirer le miel, il faut presque toujours avoir recours à la méthode barbare de l'étouffage et sacrifier les abeilles. Ajoutons que si les fausses teignes l'envahissent, la ruche est perdue.

Utilité des ruches à cloche. — Le principal avantage qu'offre cette ruche, c'est que les abeilles y hivernent parfaitement. Par suite les colonies donnent des essaims précoces, et, à ce point de vue il est bon de conserver dans les apiers quelques ruches vulgaires (5 ruches à clo-

(1) On met dans chaque ruche vulgaire deux bâtons, disposés en forme de croix, pour que les gâteaux de cire soient fixés solidement.

Fig 3. — Vue d'un rucher et de son laboratoire.

che, par exemple, pour un rucher de 50 colonies). Ces paniers sont utiles aussi pour recueillir les essaims ; ils servent dans les opérations de chasse des abeilles, et pour la mise en ruche de ces insectes.

Fig. 4. — Ruche en cloche.

Les ruches à calotte. — Le désir de s'emparer du miel des abeilles, sans faire périr la colonie, a amené le perfectionnement de la ruche vulgaire, et a abouti à la création des ruches à calotte. On appelle ainsi toute ruche — de paille ou de bois — qui est percée à son sommet d'un trou de communication (1) pour recevoir un récipient quelconque, où les abeilles placeront une partie de leurs provisions, et que l'apiculteur s'attribuera. Ces ruches sont de taille variable. Il y a cependant un écueil à éviter : elles ne doivent être ni trop petites, ni trop grandes.

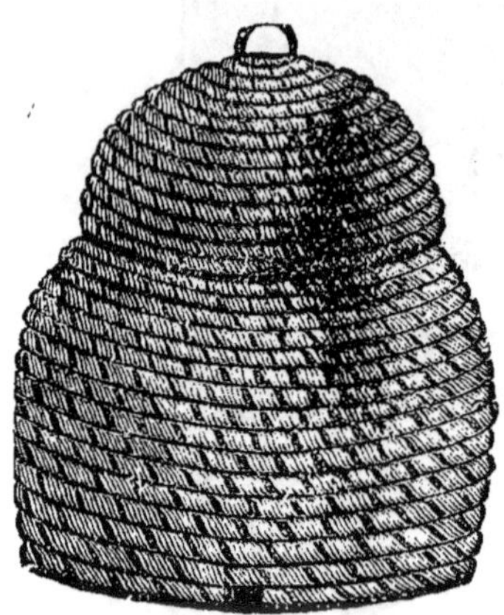

Fig. 5. — Ruche à rayons fixes ou à calotte.

Dans le premier cas, en effet, les abeilles placeraient dans la calotte presque tout leur miel, et périraient l'hiver ; dans le second cas, elles ne monteraient pas dans le chapiteau.

Avantages de la ruche à calotte. — Si on la compare à la précédente, la ruche à calotte offre certainement de grands avantages. Elle donne du miel de choix, permet la réunion des colonies, et supprime l'étouffage. Elle est peu coûteuse, et son maniement est simple. Toutefois si on la compare aux ruches à cadres, elle ne donne à l'apiculteur qu'une faible récolte de miel. Il est impossible aussi de la visiter intérieurement, pour juger de l'état de la population (2).

Maniement de la ruche à calotte. — Les chapiteaux ou calottes sont d'ordinaire en paille, parfois en bois ; on peut en faire en terre cuite, ou en verre.

(1) Ces ruches ont d'ordinaire de 30 à 35 centimètres de diamètre sur 35 à 40 de hauteur. Le dessus est plat et percé d'un trou de 5 centimètres. Ce trou se ferme à l'aide d'un bouchon, quand on enlève la calotte. Le diamètre de la calotte est égal à celui de la partie supérieure du corps de ruche.

(2) Ceux qui ont des ruches à cloche ou à calotte dont ils doivent nourrir les abeilles emploieront le procédé suivant. Ils mettront dans une assiette ou dans un plat une quantité suffisante de miel qu'ils couvriront d'une feuille de papier percée de petits trous et soutenue

Fig. 6. — Ruches du pays basque.

Il faut mettre la calotte sur la ruche avant la formation de l'essaim, c'est à dire au moment où les fleurs sont

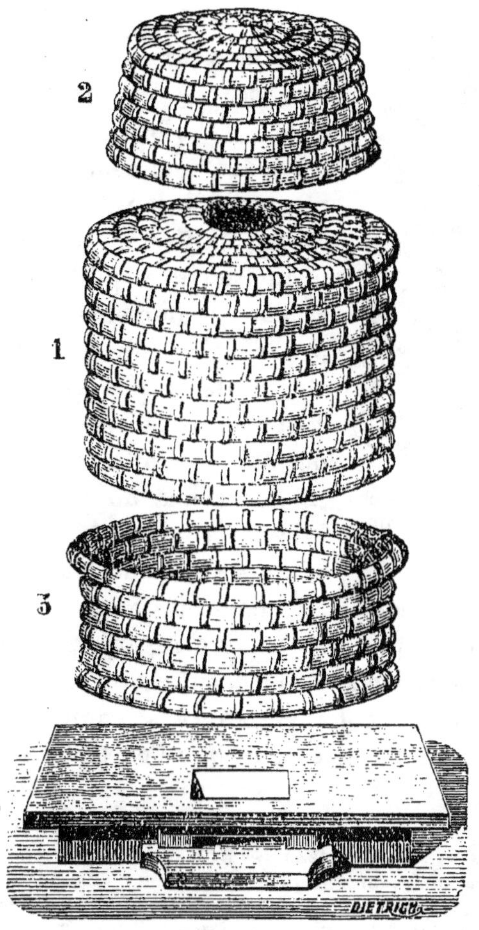

Fig. 7. — Ruche en paille avec calotte et hausse.

nombreuses. On récoltera alors, si le temps est favorable, une bonne provision de miel. Pour engager les abeilles à monter dans le chapiteau, il est utile de placer dans le haut un morceau de cire gaufrée que l'on fera descendre le plus prèspossible du corps de ruche.

Le chapiteau se fixe au corps de ruche à l'aide d'agrafes en fil de fer, et on le lute ensuite avec le pourget ou bouse de vache.

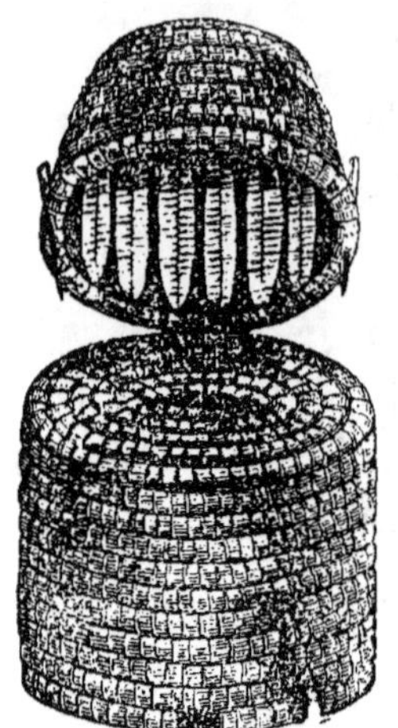

Fig. 8. — Ruche à calotte avec rayons construits par les abeilles

Récolte des calottes. — On enlève les calottes des ruches lorsque les fleurs commencent à disparaître ; par exemple, au début du mois d'octobre (1). C'est au milieu d'une journée ensoleillée qu'il convient d'opérer. A ce moment les abeilles sont peu nombreuses dans le chapiteau. On gratte le pourget à l'aide d'un couteau, on retire les agrafes, et on décolle la calotte en la tirant à soi. Si les rayons un peu endommagés laissent couler le miel, on cale le chapiteau à l'aide d'un petit morceau de bois, d'un centimètre environ, après l'avoir soulevé, et les abeilles, pendant la nuit, réparent le dégât.

Hausse à cadres. — On peut remplacer, si l'on veut, la calotte par une hausse en bois, contenant un casier à sections, semblable à celui que l'on place dans la ruche

par des brins de paille jetés sur le miel. Cette nourriture sera donnée le soir et placée sur le plateau. — Une autre manière de faire consiste à mettre dans une bouteille le sirop de sucre destiné aux abeilles. On ferme alors le goulot de la bouteille avec un morceau de grosse toile, bien tendu, et attaché solidement à l'aide d'une ficelle. On introduit ensuite le col de la bouteille dans un trou fait au sommet de la ruche. Les abeilles se suspendent à la toile pour prendre la nourriture qui filtre au travers.

(1) On s'assure que la calotte est remplie de miel en frappant dessus à l'aide de la main, quelques légers coups. S'il en est ainsi, on entend un bruit sec.

à cadres mobiles. L'apiculteur obtiendra par ce moyen de jolis petits rayons de miel.

Construction des ruches communes. — Les ruches communes et les ruches à calotte sont faites en paille de seigle tressée et solidement liée à l'aide d'écorce de ronce ou d'osier fendu. Pour obtenir le diamètre uniforme des ruches, on se sertle plus souvent d'un plateau façonné par un tourneur. La paille de seigle doit être au préalable débarrassée de ses épis. On la bat avec un morcaeu de bois rond, afin de l'assouplir sans la briser. On se sert d'une alène de cordonnier pour introduire les liens d'osier entre les rouleaux de paille boudinés.

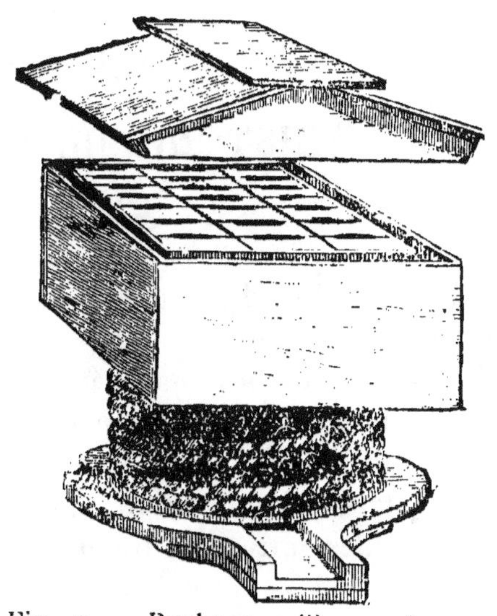

Fig. 9. — Ruche en paille avec hausse à sections.

Tablier de la ruche. — Les ruches vulgaires reposent sur un plateau de bois, légèrement entaillé par devant, pour permettre aux abeilles de rentrer facilement dans leurs demeures.

Rucher pour les ruches vulgaires. — Lorsque l'apiculteur possède un grand nombre de ruches fixes, il est bon de les abriter dans un rucher couvert. Quelques poteaux de bois reliés entre eux par des perches de traverse, le tout recouvert d'un léger toit de chaume, forment un bâtiment commode et peu dispendieux, qui rendra de grands services.

CHAPITRE III

HISTOIRE DU MOBILISME

L'invention du cadre mobile. — C'est en 1851 que l'Américain Lorenzo Langstroth, après avoir fait l'essai des diverses ruches imaginées avant lui, conçut l'idée d'un nouveau modèle, dans lequel chaque rayon serait entouré d'un cadre de bois, entièrement détaché des parois de la ruche, laissant partout un espace suffisant pour le passage des abeilles entre le cadre et la ruche excepté à ses points de support. L'année suivante, l'invention était brevetée, la ruche à cadres mobiles était créée, « l'apiculture américaine se plaçait à la tête de celle de toutes les nations ».

La cire gaufrée. — Une difficulté se présentait : il fallait diriger les abeilles dans leur travail, afin d'obtenir toujours des rayons droits. Il arrivait, en effet, quelquefois, que le rayon d'un cadre était attaché au cadre suivant, ce qui ne permettait plus de retirer les rayons. Un Bavarois, M. Jean Mehring, en 1857, par son invention de la cire gaufrée, supprima cet inconvénient, et fit faire au mobilisme un pas nouveau : on eut désormais des rayons parfaitement droits, exclusivement à cellules d'ouvrières, pouvant facilement être enlevés d'une ruche pour être placés dans une autre.

L'éperon Woiblet. — Restait à fixer solidement dans le cadre la « fondation de cire gaufrée », sur le fil de fer étamé qu'on y plaçait. Un Suisse, M. Woiblet, inventa une roulette de cuivre qui, légèrement chauffée, permit de faire entrer les fils de fer dans la cire.

Fig. 10.— Eperon Woiblet.

L'extracteur à force centrifuge. — Il s'agissait enfin d'extraire le miel des rayons sans les briser. L'apicul-

Fig. 11. — Extraction du miel par la force centrifuge.

teur autrichien Francesco de Hruschka trancha la question (1) par l'invention du melextracteur, qui permit de

(1) L'extraction du miel par la force centrifuge fut découverte tout à fait par hasard. De Hruschka avait donné à son fils un rayon de

vider les rayons de leur miel, par l'emploi de la force centrifuge. Du même coup, on put rendre aux abeilles les gâteaux de cire, ce qui leur épargna un travail considérable, et leur donna le moyen de produire davantage.

Des perfectionnements de détail sont venus s'ajouter depuis à ces ingénieuses inventions; on n'a rien changé cependant aux méthodes et aux principes.

miel placé sur une assiette. Celui-ci le mit dans un panier qu'il fit tourner autour de lui. De Hruschka remarqua qu'un peu de miel était sorti du rayon et avait coulé dans le panier. De là l'idée de son invention.

CHAPITRE IV

RUCHES AMÉRICAINES

Nous étudierons successivement les ruches à cadres mobiles américaines, les ruches à cadres anglaises, les ruches à cadres italiennes et les ruches à cadres françaises.

Les **ruches américaines** sont à simples ou à doubles parois. Les ruches à simples parois sont faites d'une seule épaisseur de planche. Elles se recommandent par leur bon marché, mais présentent le grand inconvénient de ne pouvoir hiverner en plein air.

Dans les ruches à doubles parois on ménage un espace de 54 millimètres entre les deux cloisons. De cette façon il est possible, en automne, d'y entasser des matières calfeutrantes telles que sciure de bois, papier froissé, feuilles sèches, chiffons. Grâce à ce dispositif, la chambre à couvain possède une température élevée et constante; les abeilles et leurs provisions sont à l'abri du froid ; et la ruche peut, sans dommage, passer l'hiver en plein air. Ajoutons que la double cloison dont nous avons parlé, préserve aussi les abeilles et leurs rayons, des ardeurs brûlantes de l'été.

Toutes les ruches américaines sont *verticales*, munies de hausses, pouvant à volonté contenir des cadres et des sections. Toutefois les ruches pour miel à extraire sont plutôt grandes ou de taille moyenne ; les ruches pour miel en sections sont généralement petites.

Petite ruche Danzenbacker pour la production du miel en sections. — D'après Root, pour les régions à *miellée courte*, il n'y a pas de meilleure ruche, si l'on veut produire du miel en sections, que la ruche Danzenbacker.

Cette ruche se compose d'un support robuste avec plancher incliné à pente douce d'arrière en avant, et d'un nid à couvain rectangulaire contenant 10 cadres à montants droits, à espacements automatiques, et réversibles. Ces cadres à bouts fermés mesurent extérieurement 0,195 × 0,4218, ils sont supportés par des rivets fixés au centre des montants percés à cet effet.

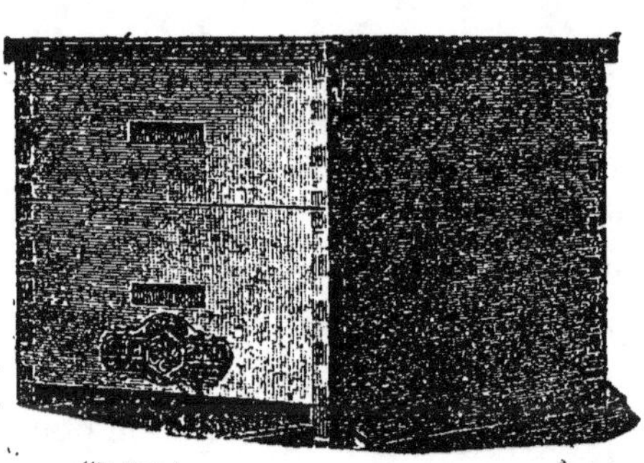

Fig. 13. — Ruche Danzenbacker.

En les retournant, on arrive à faire attacher solidement les rayons par les abeilles à la barre inférieure. Grâce à sa construction, le corps de ruche est particulièrement chaud.

La hausse contient des sections unies de 102 × 127 × 35 avec séparateurs à claire-voie.

Les abeilles ont ainsi toute facilité pour remplir complètement les sections, même aux coins.

Le couvercle de la ruche est plat et composé de trois planches. On doit le peindre ou le recouvrir de zinc.

Pour examiner les cadres du nid à couvain il ne faut pas se servir de lève-cadres, mais prendre les cadres en-

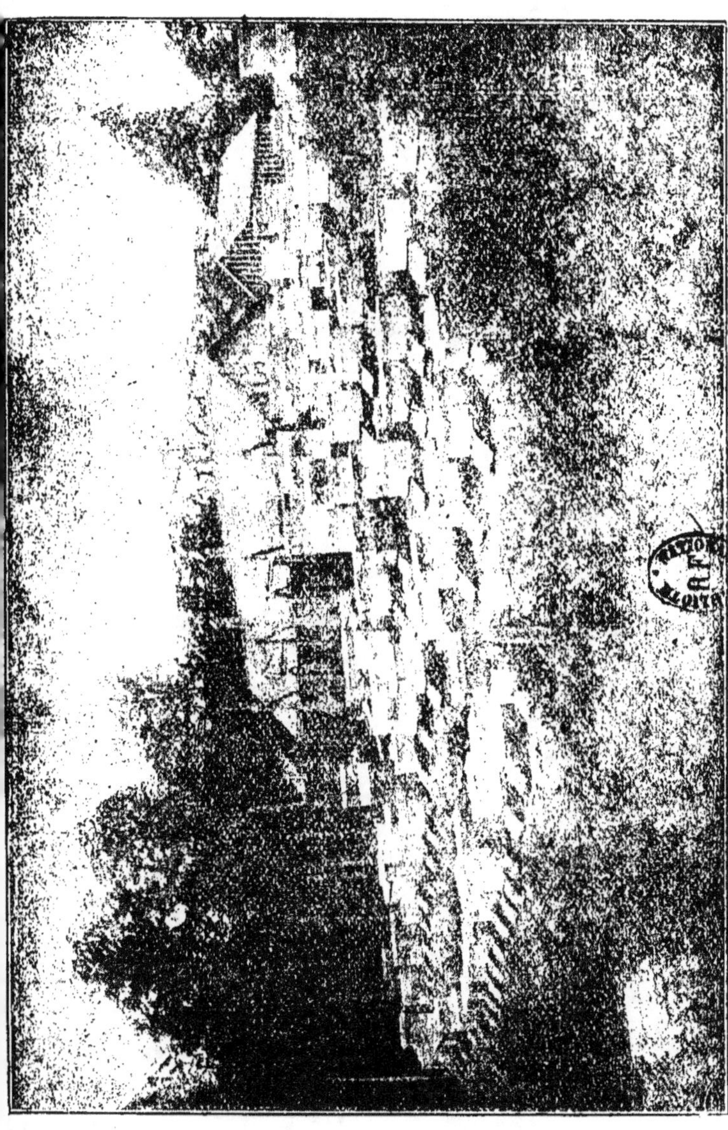

Fig. 12. — Rucher en plein air composé de ruches américaines.

semble, et briser les attaches de propolis seulement sur ceux que l'on veut enlever. Il ne faut jamais laisser un cadre reposer seul sur ses pivots.

Ruche moyenne ou ruche Langstroth. — Remarquons tout d'abord que cette ruche ne reproduit pas absolument le modèle primitif inventé par Langstroth : elle a été perfectionnée par Root.

Voici, d'après les connaisseurs, les principaux avantages que présente cette ruche.

Tout d'abord, on peut faire rapidement les manipulations nécessaires. Cette ruche, en effet, est plus particulièrement aménagée pour les travaux faits en plein air, car il est facile de la transporter d'un endroit dans un autre.

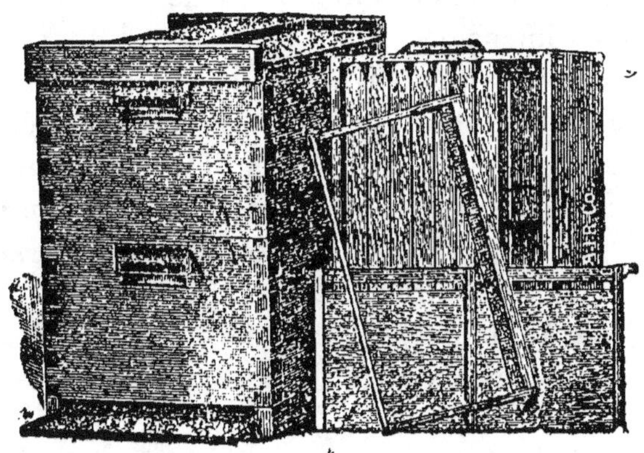

Fig. 14. — Ruche Langstroth.

Ses cadres longs et bas sont aisément désoperculés, la lame du couteau Bingham passant sans difficulté sur toutes les parties du rayon.

La forme même des cadres permet d'employer un extracteur peu encombrant et commode. Grâce à leur faible hauteur, on obtient assez facilement que les abeilles montent dans la hausse pour y construire de jolies sections.

Enfin cette sorte de cadres est la plus convenable pour assurer un bon groupement des abeilles au moment où elles se mettent à hiverner.

La ruche Langstroth contient dans le nid à couvain dix cadres de 430 × 203. La hausse est adaptée pour recevoir soit des demi-cadres ou des sections, soit des grands cadres (1). Dans ce dernier cas on a l'avantage de n'avoir à manipuler dans la ruche que des cadres d'une même dimension.

Grande ruche américaine ou ruche Dadant. — La grande ruche Dadant est peut-être la plus usitée non-seulement en Amérique mais dans l'Univers entier. Elle peut contenir des colonies très fortes, et se recommande à ceux qui veulent du miel à extraire. On lui reproche toutefois d'être très lourde à cause de sa taille, et par suite difficile à manier, lorsqu'elle est pleine de miel. Avec cette ruche on emploie dans les hausses des demi-cadres de 125 millimètres de haut.

La ruche Dadant contient des cadres de 300 mm. de haut sur 435 mm. de long (dans œuvre 267 mm. 1/2 × 420). (2)

Le corps de ruche est formé de 4 parois épaisses, assemblées à tenons ou solidement clouées ensemble. La caisse a la forme d'un parallélipipède. Les deux grands côtés du nid à couvain mesurent chacun 0 m. 49, les deux petits 0 m. 42. La hauteur est de 0 m. 32. Au haut

(1) Disons toutefois que les demi-cadres sont beaucoup plus aisés à manier.

(2) Il s'agit de la ruche Dadant telle qu'on la trouve chez l'inventeur, en Amérique. M. Root fournit une ruche Dadant-Root un peu différente, on y trouve 10 cadres 256 mm × 430).

des parois et à l'intérieur se trouve une entaille de 14 mm. 1/2 de haut sur 12 mm. 1/2 de large; des lames de fer de 20 mm. de large, fixées à l'intérieur des parois, et dépassant ces entailles de 6 mm. de haut, supportent les cadres,

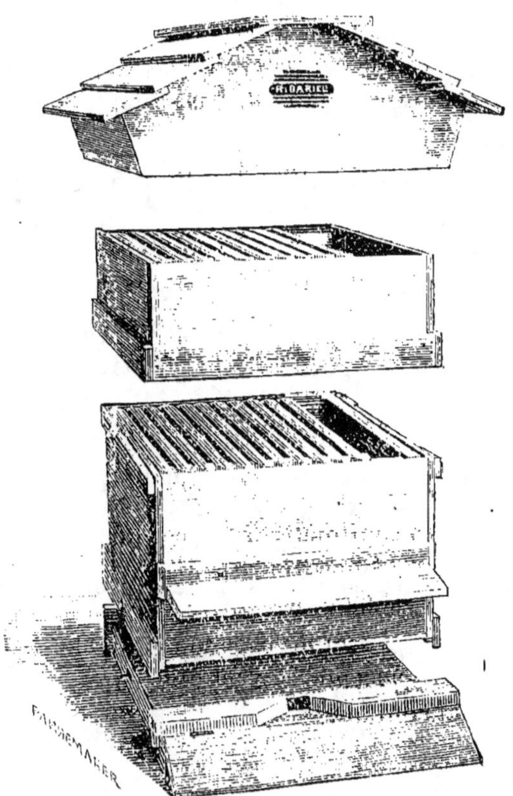

Fig. 15. — Ruche Dadant.

Au bas des parois, se trouve une autre feuillure dans laquelle viendra s'encastrer le plateau mobile. Ce plateau mesure en millimètre 550 × 435 × 25. Il est supporté par des traverses. En avant du plateau se trouve une planchette inclinée de 25 mm. de haut pour faciliter l'écoulement des eaux.

L'espace compris entre le bas des cadres et le plateau est d'environ 13 mm. L'espace entre les cadres et les parois, ainsi qu'entre les cadres du nid à couvain et ceux de la hausse est de 7 mm. 1/2.

La ruche est destinée à recevoir 11 cadres qui sont écartés les uns les autres dans le bas, à l'aide d'un dentier en fort fil de fer.

On met dans la hausse qui a 0 m. 165 de hauteur 11 demi-cadres de 0 m. 135 de haut. La ruche est couverte par un chapiteau de 22 à 23 centimètres de haut, qui s'emboîte sur la hausse ou sur le corps de ruche, et est soutenu par une barre de bois clouée tout autour.

Ruche Aspinwall pour la prévention de l'essaimage. — L'apiculteur américain L.-A. Aspinwall a inventé une ruche pour empêcher l'essaimage. Dans ce but, pendant la saison où les abeilles se montrent disposées à abandonner la ruche, il sépare les cadres, qu'il place à une distance de 2 centimètre 1/2 les uns des autres, à l'aide d'une série de partitions à claire voie mises entre les rayons. Cette ruche a, paraît-il, donné à son inventeur toute satisfaction. Il semble cependant qu'elle ait peu de chances à se faire accepter ; c'est une ruche très lourde et par suite mal commode.

CHAPITRE V

RUCHES ANGLAISES

On trouve en Angleterre différents types de ruches en usage ; nous signalerons seulement ici celles qui paraissent les plus pratiques (1).

1° Il convient de placer en premier lieu la *ruche de Neighbourg*, qui a valu un premier prix à son auteur au concours de Norwich en 1886 et est fort appréciée. Elle comprend un nid à couvain de dix cadres avec bouts métalliques, et un casier renfermant 21 sections d'une livre. On peut, si on le préfère, remplacer les sections par des demi-cadres. Les cadres sont recouverts d'un morceau de coutil, par-dessus lequel on place un morceau de drap de laine. Lorsqu'on met les ruches en état d'hiverner, on retourne la hausse sur le nid à couvain auquel on a enlevé le porche fixé par des pitons. On obtient ainsi une ruche à triples parois. La hauteur de la ruche est du même coup réduite de moitié, de sorte qu'elle donne moins de prise au vent, par les mauvais temps.

Il y a un modèle de cette ruche fait de paille tressée, encadrée dans des montants de bois. Cela lui donne un aspect plus rustique; de plus, cette ruche est très chaude

(1) Les Anglais qui sont très pratiques ont tout de suite adopté les ruches à cadres mobiles : on ne trouve pas chez eux de ruches fixes. Ils ont de plus adopté un cadre national, le même pour toutes les ruches.

l'hiver pour les abeilles, et elle garde une température

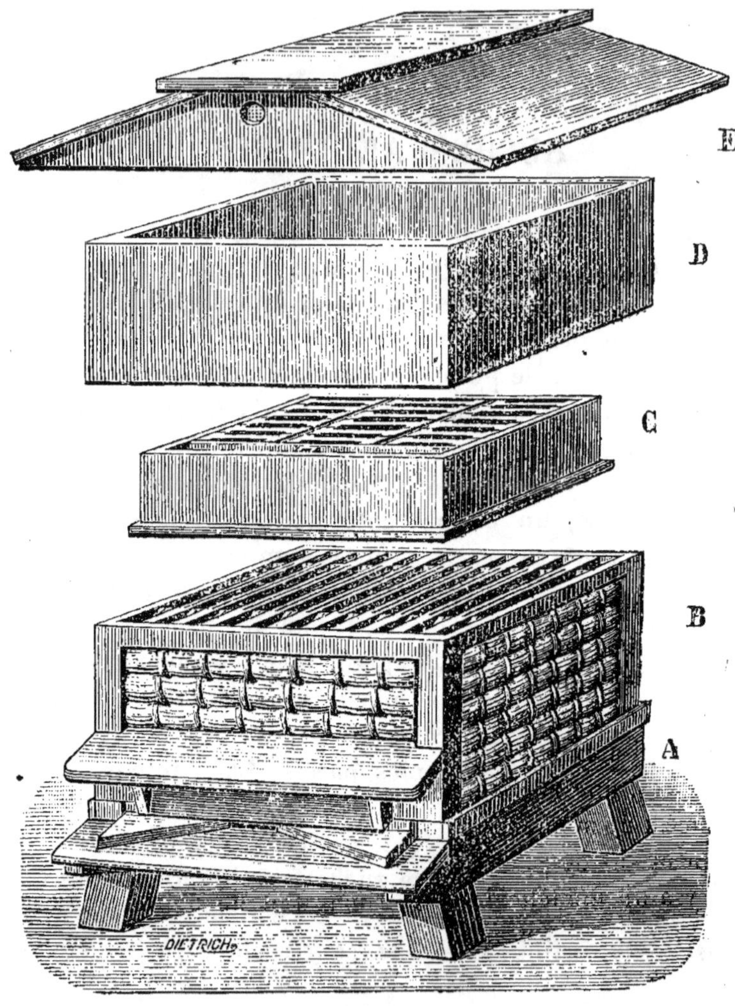

Fig. 16. — Ruche Neighbourg en paille et bois avec cadres mobiles et casier à sections.

égale durant l'été. Faite par un bon ouvrier elle peut

durer un grand nombre d'années (1). Son seul inconvénient c'est qu'elle expose les abeilles et leurs provisions aux incursions des rats et des souris. Ces rongeurs peuvent en percer la paroi en peu de temps et en hiver faire de grands ravages.

2° La **ruche « W. B. C. »** très populaire en Angleterre comprend les parties suivantes : un plancher mobile fixé sur des pieds dirigés obliquement ; un corps de ruche contenant 10 cadres et une planche de partition ; on y trouve un porche et une entrée avec glissières. Puis vient une hausse contenant 10 demi-cadres et une partition, enfin une seconde hausse renfermant 21 sections d'une livre.

3° La **ruche Cowan** a été inventée par un savant apiculteur anglais à qui l'on doit une excellente monographie de l'abeille et un guide d'apiculture très estimé. Voici la description qu'en donne l'auteur.

Elle consiste en une caisse principale faite en planches de sapin épaisses, et qui peut contenir dix à treize cadres. Cette caisse mesure dans œuvre 36 centimètres 54, de la paroi de devant à celle d'arrière, et 22 centimètres 54 de hauteur. Les bords intérieurs du haut des parois de devant et de derrière sont entaillés, et garnis de lames de fer blanc sur lesquels viennent reposer les extrémités des porte-cadres. Le plateau sur lequel repose le corps de ruche est renforcé au-dessous, au moyen de deux lattes de bois. Un passage pour les abeilles est entaillé dans le plateau, et va du centre au trou de vol en forme de pente. Pour empêcher la pluie de tomber sur les abeilles au moment où elles rentrent chez elles, on met un porche en face du nid à couvain. Le toit s'emboîte directement et va en pente derrière, pour permettre à la pluie de s'écouler.

(1) On trouve les deux modèles de ruches Neighbourg chez M. Moriceau, 28, quai du Louvre, Paris.

Toutes les ruches que nous venons de décrire emploient le cadre type adopté par l'Association des apiculteurs anglais, et mesurant extérieurement 35 centimètres 56 de long × 21 centimètres 59 de haut.

4° La **ruche C. D. B.** est la plus employée en Irlande. Elle est construite, elle aussi, pour recevoir le cadre type. Les mesures extérieures des modèles de ruches C. D. B. varient quelque peu ; quant aux mesures intérieures du nid à couvain, elles sont prises de façon à coïncider complètement avec les cadres qu'on y met. La ruche C. D. B. comme les ruches anglaises est faite principalement avec des planches de pin d'Amérique (1).

Fig. 17. — Ruche Taylor.

4° En terminant ce chapitre signalons une ruche de création récente, très ingénieuse, et qui est déjà fort répandue en Angleterre.

C'est la **ruche « du vingtième siècle »**, de Taylor construite pour éviter l'essaimage. Le plateau de cett ruche est assez profond pour qu'il puisse contenir un tiroir de cadres bas, garni d'une poignée qui permet de le tirer

(1) L'odeur résineuse que répandent les planches de pin ou de sapin ne déplaît pas aux abeilles, et éloigne de la ruche certains de leurs ennemis.

dehors. Quand le tiroir est placé, la pièce de bois qui se trouve suspendue au bout du plancher du plateau, à l'aide de charnières, est relevée, et fixée au moyen du nid à couvain, celui-ci étant garni de bandes de bois sur le côté et par derrière. La traverse de bois qui est derrière le corps de ruche, est fermée également au moyen de charnières et tenue solidement en place grâce à deux crochets. Quand l'apiculteur désire savoir ce qui se passe dans le tiroir à cadres, au lieu d'enlever le nid à couvain, il se contente simplement de tirer les deux crochets qui retiennent en place la traverse de bois de derrière. Il relève alors cette traverse et tire à lui le tiroir pour le sortir de la ruche. Le tiroir peut être garni de demi-cadres de hausse munis de cire gaufrée, et placé au mois de mai, dès que l'apiculteur s'aperçoit que la population s'accroît dans le nid à couvain.

Certains apiculteurs lorsque ces cadres sont construits par les abeilles, conseillent de les enlever et de les placer dans des hausses au-dessus du corps de ruche pour que les abeilles les emplissent de miel. On peut le faire, mais il vaut mieux les laisser dans le tiroir pour que les abeilles agrandissent par ce moyen le nid à couvain et y élèvent les jeunes. Si on les enlevait pour les mettre dans les hausses, il faudrait les remplacer par d'autres cadres garnis de feuilles de cire gaufrées, sans quoi les abeilles construiraient des rayons au dessous des cadres du corps de ruche.

A notre avis ce que l'apiculteur a de mieux à faire, c'est de laisser ces demi-cadres sous le corps de ruche tout l'été, et, au moment où les abeilles vont s'engourdir pour passer l'hiver, d'enlever ces demi-cadres et de les ranger dans une armoire jusqu'au printemps suivant, en prenant soin que les souris n'y puissent aller. Quant au tiroir, on le laisse dans la ruche après l'avoir vidé. Il sert à recueillir les abeilles mortes, les morceaux de rayon, et les détritus qui tombent au bas de toute ruche, durant la saison d'hiver. Dans une chaude journée de printemps, le tiroir sera retiré et nettoyé. Si cependant l'apiculteur ne tient pas à garder un tel espace vide au-dessous de la ruche, il peut retourner le tiroir, formant ainsi une sorte de plancher au nid à couvain.

Le corps de ruche est construit comme celui des autres ruches avec porche et entrée; il est surmonté de deux hausses garnies de demi-cadres ou de sections, la supérieure étant munie d'un tapis. Le toit contient des ventilateurs aux deux bouts.

Cette ruche introduite sur le marché au printemps de 1900 a été singulièrement demandée. Elle a donné d'excellents résultats, ce qui fait croire qu'aucune ruche n'est parfaite si on n'y joint cette chambre contre l'essaimage (1).

(1) Citons encore un modèle de ruche très original, la ruche à tiroirs de Simmins. Les cadres y sont disposés comme dans les tiroirs d'une commode.

CHAPITRE VI

RUCHES ITALIENNES

Nous allons décrire les trois principales sortes de ruches à cadres qui sont en usage en Italie.

Ruche Sartori. — C'est la plus répandue des ruches à cadres. On trouve la cause de cette préférence dans les avantages qu'elle offre par sa simplicité, son économie, et la sécurité qu'elle présente pour le bien-être des abeilles. En même temps, elle n'exige pas de la part de l'apiculteur des soins trop spéciaux.

Cette ruche est verticale, et cela, dit son auteur, pour s'accorder avec l'instinct des abeilles qui préfèrent la cavité du tronc d'arbre qui s'étend de haut en bas, à la cavité des branches qui s'étend horizontalement. C'est une ruche à cadres mobiles qui permet à l'apiculteur d'enlever les rayons et de les remettre à leur place sans dommage ni pour les rayons ni pour les abeilles. On peut l'adopter indifféremment dans toutes les localités, tant pour la flore que pour le climat, spécialement à cause de la bonne conservation de la colonie, pendant la saison d'hiver.

La ruche Sartori consiste en une caisse de forme rectangulaire. La paroi qui forme le derrière de la ruche est un volet mobile, muni à droite et à gauche de deux anneaux, qui tournent autour de deux petits gonds, fixés dans l'épaisseur des parois de droite et de gauche de la ruche. Ces anneaux servent à tenir fermée la paroi placée derrière la ruche ; si on enlève cette planche, on voit apparaître des cadres munis de verre et appelés diaphragmes, qui laissent apercevoir ce qui se passe à l'intérieur de la ruche. Chaque diaphragme est garni de fils de fer qui permettent de le retirer. Ces diaphragmes servent à augmenter ou à restreindre, selon les besoins, la capacité de la ruche. Intérieurement la ruche est divisée en deux compartiments. La partie inférieure de la ruche est l'habitation permanente des abeilles, elle sert au développement du couvain. La partie supérieure ou magasin au miel sert à recueillir le superflu de leur butin au moment de la grande miellée.

Une cloison fixe de deux centimètres d'épaisseur sépare les compartiments. Au milieu de la cloison se trouve une ouverture longue de 0 m. 15 centimètres et large de 0 m. 10. On peut l'ouvrir ou la fermer au moyen d'un bouchon, et elle sert à mettre en communication les abeilles des divers compartiments. Voici les mesures de cette ruche à l'intérieur.

	mètres.
Hauteur interne	0,72
— du fond à la cloison	0,47
— de la cloison au plafond	0,23
Epaisseur de la cloison	0,02
Largeur intérieure	0,285

Les parois de la ruche ont trois centimètres d'épaisseur. Quant au trou de vol il occupe toute la longueur du devant de la ruche et a 15 millimètres de hauteur.

La ruche Sartori contient 30 cadres, nombre suffisant pour une forte colonie.

Les mesures du cadre sont les suivantes :

	mètres.
Longueur	0,30
Largeur du porte-rayon	0,026
Epaisseur en millimètres	de 7 à 9

Fig. 18. — Un rucher en Italie.

		mètres.
Oreilles des cadres		0,015
Ecarte-rayons		0,01
Côtés verticaux	largeur	0,026
	longueur	0,20
	épaisseur en millimètres	de 7 à 9

Quand le cadre est placé dans la hausse, la partie inférieure est éloignée de la cloison d'un intervalle de o m. 006, et quand le cadre est placé dans le nid à couvain il doit s'écarter de 2 centimètres du fond pour laisser passage aux abeilles.

Pour l'entrée et la sortie des abeilles,dans le devant de la ruche deux ouvertures sont pratiquées. Celle qui est près du bas est divisée en deux petites portes, par un morceau de bois laissé à dessein au milieu de la paroi de devant, de 3 centimètres de large et de 2 centimètres de haut. Le plancher de la ruche près de l'ouverture dépasse de six centimètres pour que les abeilles trouvent un petit espace, qui leur serve d'appui quand elles reviennent. La seconde ouverture faite immédiatement au-dessus de la planche de séparation est longue de 8 centimètres et haute d'un millimètre. Cette ouverture n'est pas munie de tablier, ce serait inutile.

En vue du transport des ruches il convient qu'il y ait au plafond de chaque ruche une ouverture semblable à celle de la cloison et munie d'un bouchon.

Cette ruche peut durer de 30 à 40 ans ; elle coûte fort peu ; elle est faite d'une seule pièce ; elle ne se crevasse pas et conserve toujours sa température. Elle est solidement construite,et en ouvrant le volet de derrière. grâce aux diaphragmes,on se rend compte de l'état précis dans lequel se trouve la colonie. Elle n'exige pas une surveillance continuelle de la part de l'apiculteur; elle est commode pour l'introduction des reines.

Ruche Langstroth. — La seconde ruche employée en Italie c'est la ruche américaine de *Langstroth.* C'est une ruche verticale, à hausses, à toit mobile que nous avons décrite ailleurs. Les Italiens s'en servent relativement peu. Ils lui reprochent d'exiger un grand espace de terrain, ou d'être isolée sur les bords d'un sentier ; de causer à la colonie, lorsqu'on l'ouvre, un refroidissement subit de température, et par suite de produire la mortalité du couvain. Enfin ils l'accusent d'être une cause de pillage. Cette ruche a été plus ou moins modifiée par Sartori et par Dubini.

Ruche Benussi Bossi. — C'est une ruche d'observation très utile pour l'étude des abeilles. On peut y voir très facilement la ponte des œufs, le développement des larves, les métamorphoses des insectes. On peut placer un thermomètre et un hygromètre, à l'intérieur, pour faire un complément d'études. Cette ruche est construite de façon à pouvoir contenir six cadres italiens, disposés deux par deux en trois étages, chaque cadre placé immédiatement au-dessus de l'autre, et indépendant des autres. Ces six cadres forment comme un grand rayon que l'on peut examiner dans toute son étendue. Le devant et le derrière de la ruche Benussi sont vitrés, et couverts d'un volet.

---

la ruche, se trouve une cloison en tôle perforée, mobile à volonté, et glissant entre deux rainures. Il y a place en arrière pour 5 rayons à construction chaude. Par-dessus

Fig. 21. — Ruche cubique perfectionnée.

la ruche on placera une hausse à 15 cadres placés transversalement, par rapport aux rayons du bas.

Ruche Gariel. — Comme les précédentes cette ruche s'ouvre par le haut. Elle se compose de 10 cadres de 0m,204 × 0m,342, de deux cloisons pleines, d'un fond mobile à ventilateur, et de la toiture. Elle est munie de règles à coulisses devant l'entrée. On y joint une hausse, qui peut contenir, au gré de l'apiculteur, des sections d'une livre ou des demi-cadres.

Cette ruche contient des cadres anglais Abbott munis

breux rayons. Toutefois les apiculteurs qui élèvent des reines emploient la bâtisse chaude où les rayons sont parallèles à la paroi antérieure où se trouve le trou de vol. Cette disposition ne convient pas dans les régions où les hivers sont longs.

d'un épaulement qui règle la distance entre eux, ce qui est fort commode. Entre les cadres et les parois de la ruche se trouve un passage d'abeilles de 7 millimètres de distance.

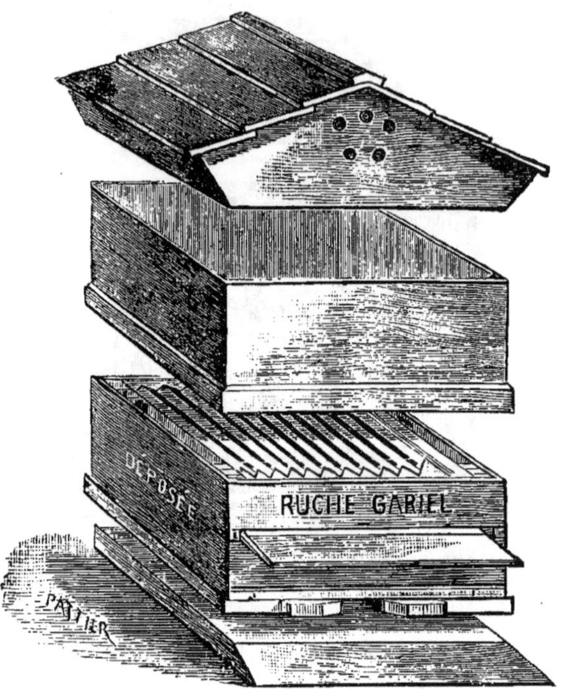

Fig. 22. — Ruche Gariel.

Entre la traverse inférieure des cadres et le plancher de la ruche il y a une distance d'environ 10 millimètres.

Ruche Layens. — Cette ruche est horizontale : elle n'a pas de hausse, est facile à conduire, et convient principalement aux apiculteurs qui ont un rucher établi au milieu des champs, auquel ils ont relativement peu de temps à consacrer.

Cette ruche contient 20 cadres mobiles de 37 × 31, une séparation en zinc perforé, une séparation pleine, une règle mobile devant l'entrée, une planche de vol et un plateau mobile.

Elle se compose essentiellement d'une caisse de bois sans fond, de forme allongée, dont le couvercle fixé à la caisse par deux fortes charnières tient lieu de toit. Les deux grands côtés de la ruche forment le devant et le derrière, ils sont recouverts de paille pour protéger les abeilles contre le froid de l'hiver. Les deux petits côtés sont peints ou goudronnés. Les cadres sont placés parallèlement au côtés.

La caisse repose sur un plateau (1) qui déborde un peu par devant, et porte à gauche et en avant une planche de vol ou tablier de la ruche, sur lequel les abeilles viennent se poser. Au bas du devant de la ruche se trouvent deux entrées, que l'on peut fermer ou ouvrir à volonté, à l'aide de bandes en métal.

Entre le couvercle et le plafond de la ruche on place au moment de l'hivernage un châssis matelassé, grand cadre formé de 4 lattes de 50 millimètres de large tendu sur les deux faces de grosse toile et rempli de balle d'avoine (2).

(1) Le plateau est fixé à la caisse à l'aide de crochets spéciaux. Le plafond ou couverture des cadres est constitué par de petites planches d'environ 37 millimètres de largeur, placées les unes à côté des autres dans le même sens que les cadres.

(2) La ruche Layens est construite avec des lames de parquet en bois de sapin, unies entre elles à l'aide de rainures et languettes Ces lames ont 115 millimètres de largeur, et 7 mètres de long : il faudra en acheter 20 mètres environ pour une ruche. Elles ont 0m03 d'épaisseur. — Les cadres sont faits avec des lattes de 10 millimètres d'épaisseur et 25 millimètres de largeur. Il en faut 37 mètres par ruche. La traverse supérieure du cadre doit avoir 383 millimètres de longueur, celle du bas a 300 millimètres et elle est clouée de champ aux montants verticaux qui ont 435 millimètres de long. Sous le porte-rayon on cloue une traverse de renforcement. Le montage des cadres se fait sur un moule. — Dans le haut du devant et du derrière de la ruche, en dedans, on fait des entailles ou feuillures de 0m015 de profondeur sur 0m,02 de hauteur : elles servent de point d'appui aux

Voici d'après ses partisans les avantages de la ruche Layens.

Tout d'abord, la construction de ces ruches est aisée et économique. L'examen des cadres se fait très facilement.

Si l'année est mauvaise et que la récolte de miel est faible, ce miel se trouve placé par les abeilles immédiatement au-dessus de l'endroit où elles sont groupées, et cela épargne à l'apiculteur un travail gênant.

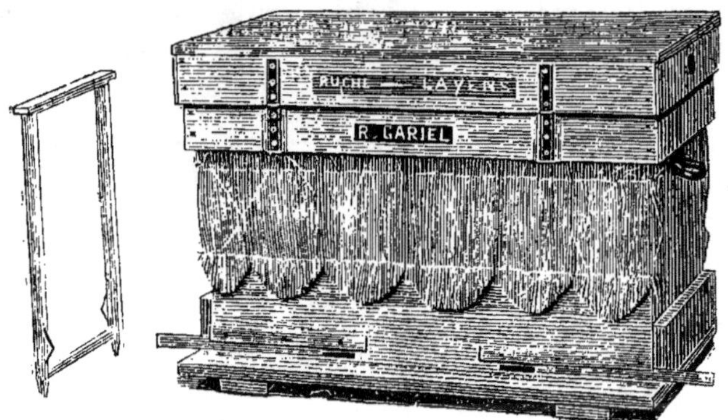

Fig. 23. — Ruche économique Layens.

Cette ruche permet de supprimer l'essaimage naturel en pratiquant facilement l'essaimage artificiel.

C'est une ruche de grand rapport à cause de sa vaste capacité.

Enfin cette ruche à cadre plus haut que large se rapproche de la forme du rayon construit par l'essaim laissé à l'état libre.

rayons. Sur chaque feuillure sont marqués les intervalles des rayons qu'on espace entre eux à l'aide de lattes de 10 millimètres d'épaisseur, qu'on place entre les porte-rayons. En bas des mêmes côtés on place des crampillons à l'aide d'un outil-guide pour assurer l'écartement des cadres. Au bas du devant de la ruche, comme nous l'avons dit, on établit deux entrées à l'aide de la scie. On laisse fermé le trou de vol opposé au côté où sont logées les abeilles. Le plateau est une forte planche formée par l'assemblage de quatre lames de 280 millimètres de long : deux solides traverses sont clouées sous cette planche.

CHAPITRE VIII

LES RUCHES D'OBSERVATION

L'idée de construire des ruches d'observation pour étudier les abeilles, et examiner le travail qu'elles font à l'intérieur de leur logis, est fort ancienne. Pline le naturaliste parle déjà d'un sénateur romain, qui avait fait faire une ruche munie de vitres en corne transparente, qui permettait plus ou moins vaguement d'observer les mœurs de ces insectes.

Ce fut François Huber de Genève (1750-1830) qui le premier (1) construisit une ruchette contenant un seul cadre, et munie de verres permettant à son fidèle domestique François Burnens et à sa fille, (car il était aveugle), d'observer tout ce qui se passait dans la ruche. Selon que la nécessité s'en imposait, il faisait ajouter un nouveau cadre, en transposant le châssis vitré, et c'est ainsi qu'il composa sa ruche à feuillets, ancêtre des ruches à cadres mobiles. Il a laissé ses curieuses et exactes observations dans son célèbre ouvrage : « Nouvelles observations sur les abeilles. »

La ruche à cadres mobiles, que l'on possède aujourd'hui, est déjà, peut-on dire, une excellente ruche d'observation. L'apiculteur peut y jeter des regards attentifs, se rendre

(1) Disons cependant que Réaumur (1683-1757) avait fait construire pour ses études, des ruches vitrées, extrêmement variées dans leurs formes.

compte de l'état de la colonie, et s'il s'y produit quelque accident, y porter remède. Mais il est d'une très grande utilité cependant d avoir une ruche spéciale, fournissant plus de commodité, présentant plus de garanties, en un

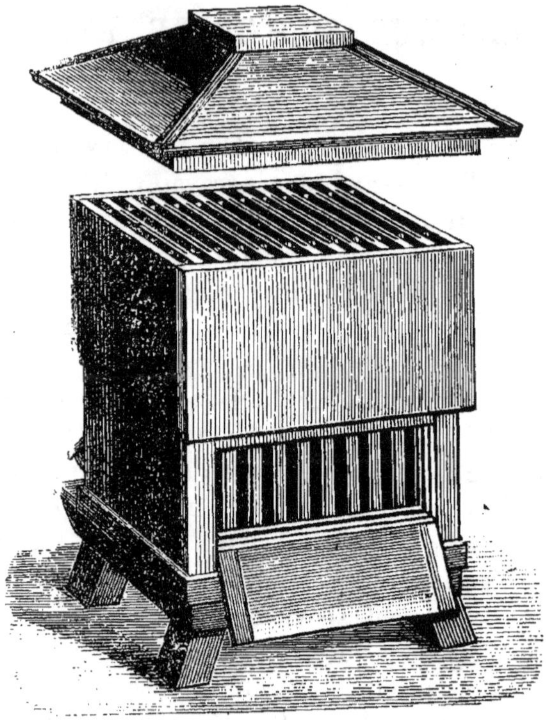

Fig. 25. — Ruche Neighbourg avec regard vitré pour voir travailler les abeilles.

mot se prêtant admirablement aux observations que l'on veut faire. Et si une telle ruche peut rendre des services à l'apiculteur expérimenté, elle est plus nécessaire encore au débutant qui veut devenir un maître. Avoir ainsi devant les yeux le merveilleux spectacle de rayons couverts d'abeilles ardentes au travail, ce n'est pas seulement utile parce qu'on apprend quelque chose, c'est de plus très agréable.

« Une ruche d'observation, écrit Lorenzo Langstroth, est une source incessante de plaisir et d'instruction. Ceux qui vivent dans les villes populeuses peuvent s'en donner la jouissance quand même ils seraient condamnés à ne voir que des maisons, spectacle qu'un poète dépeint comme *un repas de briques qui ne finit jamais*. » Et le grand apiculteur ajoute : « Une telle ruche peut être aisément établie dans une chambre, l'entrée se prolongeant au dehors. Cette disposition permet d'examiner les abeilles à toute heure du jour et de la nuit, sans aucun danger d'être piqué.

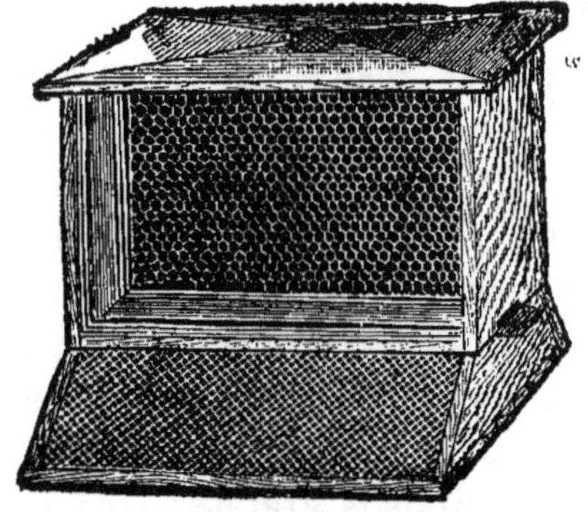

Fig. 26. — Ruche d'observation à un seul cadre.

Le plus souvent les ruches d'observation ne contiennent qu'un seul cadre. De chaque côté du cadre se trouve un chassis vitré, et au-dessus de ce chassis est un volet, fixé par des charnières. L'apiculture peut à son gré étudier les abeilles, ou les laisser travailler dans l'ombre.

On fait toutefois des ruches d'observation à deux cadres superposés. On ajoute même, dans le haut, si on le veut, une rangée de sections. Pour empêcher la colonie de devenir trop populeuse, on doit tous les 23 ou les 24 jours secouer les abeilles d'un cadre, et remplacer ce cadre par un autre ne contenant pas de couvain.

Les ruches de ce genre peuvent se placer dans un appartement, dans un bureau devant la fenêtre, sur un balcon ou une terrasse, dans un jardin, sous une tonnelle.

Sans doute,au point de vue utilitaire,on peut dire qu'il est impossible de retirer de semblables ruches une récolte de miel, mais elles sont cependant profitables,parce qu'elles permettent de se renseigner et d'observer sans courir aucun risque. A l'aide de ces ruches on peut voir la reine déposer ses œufs dans les alvéoles, et les abeilles ouvrières nourrir les larves. On peut « suivre avec étonnement et plaisir tout à la fois, les mystérieux développements de l'élevage des reines au moyen d'œufs qui, avec les soins ordinaires, n'auraient produit que des ouvrières (1).

La ruche d'observation que nous venons de décrire, à cause de sa petite capacité, laisse à désirer.On en a imaginé d'autres, capables de contenir une colonie d'abeilles complète, et pouvant offrir aux regards des spectateurs une dizaine de rayons.La hausse elle-même est garnie sur ses côtés de regards vitrés. Ces ruches sont surtout des modèles d'exposition, qui ont le tort d'être très coûteux.

Pour nous,la grande ruche d'observation qui a nos préférences, c'est la ruche album de Derosne. Elle est en même temps, comme nous l'avons dit, une excellente ruche de rapport.

(1) En prenant quelques précautions, on arrive à accoutumer les abeilles à travailler à la lumière du jour.

CHAPITRE IX

DES DIFFÉRENTES SORTES DE CADRES

Tandis qu'il existe en Angleterre, en Italie, en Allemagne un cadre mobile national, de dimensions uniformes, il n'en est pas ainsi en France. On n'a jamais pu s'entendre jusqu'ici à ce sujet. Deux objections sont faites à ceux qui proposent de convoquer un congrès des apiculteurs de France où on résoudrait la question. Il y a d'abord dit-on, un gros inconvénient à adopter un cadre qu'on pourrait plus tard reconnaître défectueux. De plus, on ne peut faire partout de l'apiculture de la même manière ; cela dépend de la richesse mellifère de la région, du climat etc.

Pourtant l'unité de dimensions des cadres présente des avantages considérables. On pourrait alors se servir partout du même extracteur ; et les échanges de ruches entre voisins se feraient beaucoup plus aisément.

Quoi qu'il en soit les uns préfèrent les grands cadres, les autres les cadres moyens. L'avantage que présentent les grands cadres c'est qu'il y en a moins à manier et qu'on perd moins de temps. L'avantage que présentent les cadres bas, c'est que les abeilles montent dans les hausses beaucoup plus vite. Toutefois certains apiculteurs regardent ces derniers comme donnant moins de garanties pour l'hivernage des abeilles.

Parlons maintenant de la forme des cadres. Le cadre

le plus pratique selon nous est le cadre anglais d'Abbott, dont les porte-rayons sont à arrêt et à épaulement. La traverse du haut est munie d'une double rainure ; dans l'une on introduit la cire gaufrée, dans l'autre on met un coin en bois que l'on enfonce solidement, pour pincer

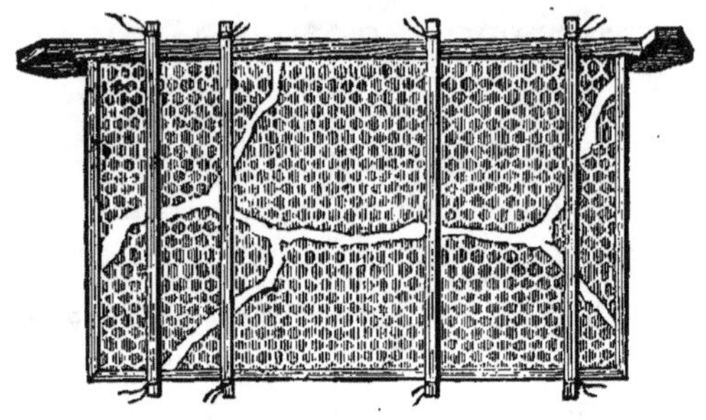

Fig. 27. — Cadre à épaulement avec fragments de rayons.

la cire et la maintenir en place. Ces cadres se joignant à fleur des parois de la ruche sont peu propolisables. Il est bon de placer sur la traverse des côtés à 2 centimètres de l'extrémité du cadre un clou de tapissier,qu'on laisse sortir de 5 m/m. Par ce moyen on évite d'écraser les abeilles en retirant les rayons de la ruche ou en les y remettant.

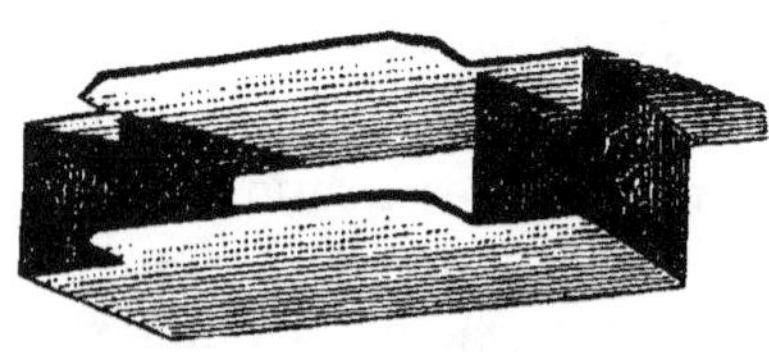

Fig. 28. — Bout en métal pour cadres mobiles.

Un autre cadre anglais jouit d'une certaine popularité. Il a été inventé par Lee et son principal perfectionnement consiste dans un assemblage continu en queue d' « aronde » qui dispense de clouer le cadre. On fixe la feuille de cire au moment de l'assemblage. Le bas des montants porte des mortaises, pour recevoir la traverse inférieure, qui, comme le porte-rayon, est en deux parties. Des bouts en fer-blanc permettent de maintenir les cadres à l'écartement voulu, et les empêchent de se souder les uns aux autres. Le grand reproche que nous faisons à ces cadres c'est qu'ils ne sont pas solides.

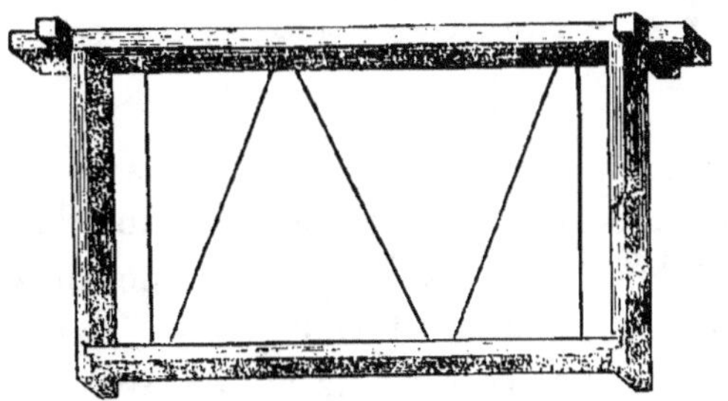

Fig. 29. — Cadre Lee garni de fil de fer.

Il existe des cadres à crochets pour les rendre absolument impropolisables. Ces crochets reposent dans des encoches du même calibre : les abeilles ne peuvent donc y pénétrer et y déposer la propolis.

Dans certaines ruches, les constructeurs emploient comme séparateurs des cadres, des attaches en fer-blanc, des tringles de bois, des crochets d'écartement, et un dentier de fer que l'on place sous les cadres. C'est là, semble-t-il, une complication inutile.

CHAPITRE X

LA TENTE A ABEILLES

La tente à abeilles sert à empêcher les abeilles pillardes de commettre leurs déprédations. C'est une sorte de grande cage, légère, facilement transportable, dont les côtés sont de grands cadres rectangulaires de 2 mètres de haut faits de baguettes de pin, et couverts de toile métallique très serrée. Dans tout rucher bien compris, c'est un complément nécessaire du matériel apicole. Elle doit être assez grande pour couvrir la ruche et l'apiculteur, et permettre à ce dernier d'examiner les rayons sans difficulté. Cette tente est très utile : elle permet de se livrer facilement à tous les travaux du rucher : enlèvement des alvéoles royaux, introduction des reines. On peut y faire l'opération qui consiste à couper les ailes de la reine. Dans les démonstrations publiques on peut s'en servir pour préserver les assistants des piqûres que les abeilles pourraient leur infliger.

CHAPITRE XI

DU CHOIX D'UNE RUCHE

Il est une question embarrassante pour celui qui commence à s'occuper d'apiculture : c'est de savoir quel modèle choisir parmi les ruches à cadres inventées jusqu'ici, et dont presque toutes ont fait leurs preuves.

Nous conseillons au débutant de se renseigner avant

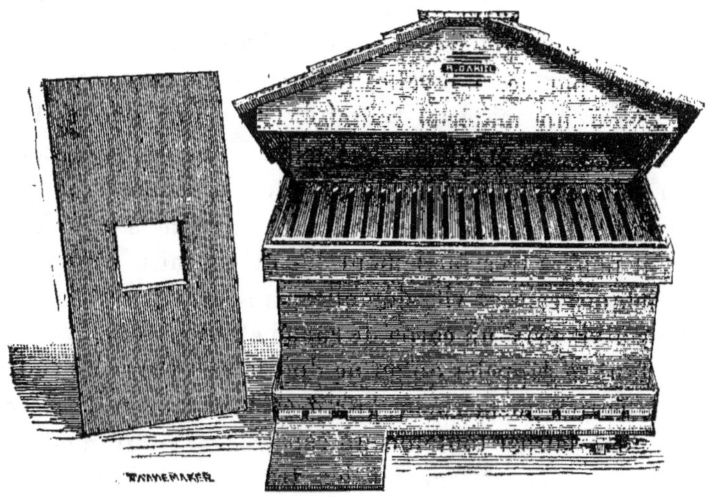

Fig. 30. — Ruche Layens avec toit.

tout sur la valeur mellifère de la région qu'il occupe. Si la contrée abonde en fleurs et en arbres à fruits, s'il peut espérer d'excellentes récoltes, alors, qu'il arrête son choix sur les grandes ruches dont nous avons parlé; qu'il prenne à son gré la ruche horizontale de Layens ou de Derosne, ou la ruche verticale de Dadant.

Si au contraire la contrée est médiocre au point de vue mellifère, le débutant doit adopter de petites ruches à cadres bas, par exemple celle de Gariel, où la ruche américaine de Danzenbacker. Au lieu d'extraire le miel de grands cadres, il pourra récolter du miel en sections.

Si le débutant veut faire lui-même ses ruches, il devra se conformer aux avis suivants. Il est important d'abord, que dans la construction des ruches les dimensions soient par lui exactement observées, sans quoi il s'exposerait à des ennuis, lorsqu'il s'agirait de manipuler les cadres. La ruche sera construite en bois épais (1) ou à doubles parois, pour assurer un bon hivernage.

On se plaint généralement des frais qu'occasionne l'apiculture par les nouvelles méthodes. Le mobilisme, dit-on, exige un matériel coûteux. C'est une erreur. Celui qui veut « se monter » doit acheter une ruche à cadres bien faite qui lui servira de modèle : la dépense est d'une vingtaine de francs. Dès lors, à l'aide d'une scie à découper, il pourra très facilement lui-même faire ses cadres ; et quelques caisses vite démolies, lui permettront de construire à vil prix un corps de ruche et une hausse.

Il faut se rappeler qu'on ne doit laisser entre les cadres et les parois de la ruche qu'un espace de 8 millimètres ; on pourra laisser toutefois un espace de 15 millimètres de haut, entre le plateau et les traverses inférieures des cadres.

La ruche choisie, l'apiculteur doit s'y tenir et voici pourquoi. Les cadres diffèrent avec les divers modèles de ruches. Si dans un apier toutes les ruches sont semblables,

(1) On peut employer pour la construction des ruches des planches de bois de pin, de sapin, de tilleul, de peuplier, ou de tout autre bois léger. Il faut avoir soin de bien joindre les planches pour que la pluie ne pénètre pas.

rien n'est plus facile que de faire l'échange de rayons d'une ruche dans une autre, si une colonie est faible, par exemple, on peut emprunter à une colonie très forte un cadre de couvain, qui permettra de grossir la population. Au contraire, si les cadres (1) ne sont pas de dimensions uniformes, ils ne pourront point s'adapter aux diverses ruches. On ne profitera pas, dès lors, de tous les avantages qu'offre le mobilisme et on s'exposera à des mécomptes.

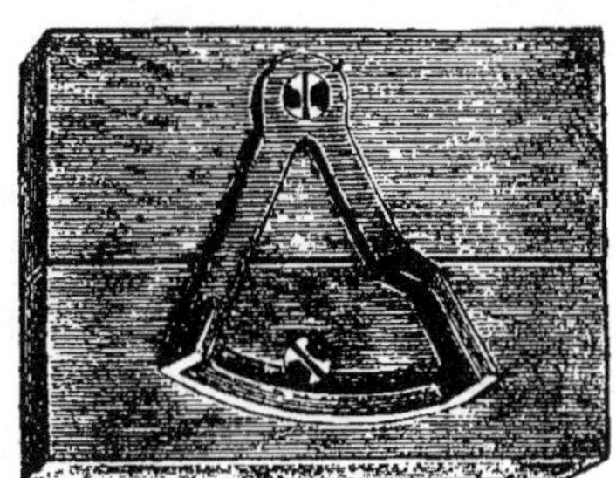
Fig. 31. — Crochet pour fixer les ruches sur leur plateau.

Le plancher des ruches à cadres doit être mobile, cela permet au printemps de le nettoyer facilement. Cette mobilité présente encore d'autres avantages. Si, par exemple, un rayon de miel brisé est tombé sur le plateau, rien n'est plus simple que de changer celui-ci et d'en mettre un autre à la place. Il paraît inutile cependant de percer ce plancher pour y placer une toile métallique qui donnerait de l'air aux abeilles. Presque toujours celles-ci s'empresseront de l'enduire de propolis pour la boucher complètement.

La ruche sera peinte de trois bonnes couches de couleur, surtout si elle doit être en plein air.

(1) Les cadres doivent être suspendus dans la ruche bien parallèlement les uns aux autres. Ils doivent être espacés de 37 millimètres de milieu à milieu, c'est-à-dire qu'il doit exister entre deux cadres voisins une distance de 12 millimètres des porte-rayons (de 25 m/m de largeur). Les extrémités des porte-rayons sont suspendues sur deux lames en fer blanc clouées aux parois opposées de la ruche. — Nous conseillons aux débutants désireux de construire eux-mêmes leurs ruches, d'acheter les cadres tout faits chez les marchands d'articles d'apiculture. Cela ne leur coûtera pas bien cher et simplifiera singulièrement leur travail.

CHAPITRE XII

FOURNITURES POUR LES HAUSSES

Hausses. — On appelle « hausses » des caisses sans fond, portant des cadres ou des sections, que l'on place au-dessus du nid à couvain, en vue d'obtenir l'excédant de la récolte des abeilles. Le miel recueilli dans ces étages est d'une excellente qualité, les abeilles n'y emmagasinant pas de pollen, et la reine n'y allant pas pondre.

Sections. — On appelle sections de petits cadres carrés en bois de tilleul de 3 millimètres d'épaisseur, sur 38 à

Fig. 32. — Section ouverte.

50 de largeur et de 108 millimètres de côté. Ces sections se vendent en une seule pièce (1) sous forme de longue bande de bois, dont les extrémités à mortaises et à tenons se rejoignent et s'adaptent l'une dans l'autre lorsqu'on plie la bande.

(1) Il faut, avant de plier la bande de bois, humecter d'eau à l'aide d'un pinceau les endroits qui doivent servir de charnière. On peut coller les extrémités emboîtées, ce n'est pourtant pas nécessaire les abeilles les propolisant.

On plie les sections lentement et quand les dents d'un bout sont bien engagées dans les dents de l'autre, à l'aide d'un marteau on les y fixe. Trois des côtés de la section sont entaillés dans leur milieu pour permettre d'y faire entrer par ses bords la cire gaufrée. Des passages d'abeilles y sont établis en rétrécissant dans une partie de leur longueur les 4 côtés.

Les insectes peuvent ainsi passer librement d'une section à la voisine.

Lorsqu'elles sont pleines, les sections contiennent une livre de miel.

Séparateur. — Les diverses rangées de sections sont séparées les unes des autres par une feuille de bois ou de

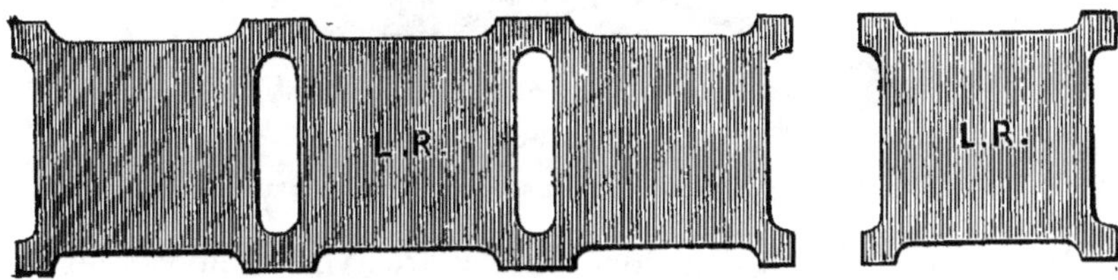

Fig. 33. — Séparateurs pour sections.

fer blanc perforée, pour qu'on puisse obtenir des rayons plats et uniformes. Les séparateurs en métal ont l'avantage de pouvoir durer plusieurs années.

Casier à sections. — Le casier à sections (1) contient 21 sections. Le fond est ouvert et muni de T en fer-blanc qui supportent les sections et les séparateurs. Une planchette de bois garnie d'un ou de plusieurs ressorts, tient les sections serrées les unes contre les autres.

Hausse à cadres. — Dans les ruches à grande capa-

(1) On fait aussi des cadres à sections, entaillés dans leur partie supérieure et inférieure, et que l'on place soit dans les hausses, soit dans les nids à couvain.

cité on se sert de hausses, dans lesquelles on suspend des demi-cadres, et que l'on place au-dessus du nid à couvain. Ces hausses sont munies de feuillures au haut desquelles se trouve une lame de fer blanc, pour recevoir l'extrémité du porte-rayon. On peut aussi tailler en biseau le haut des feuillures : de cette façon, les abeilles ne peuvent pas

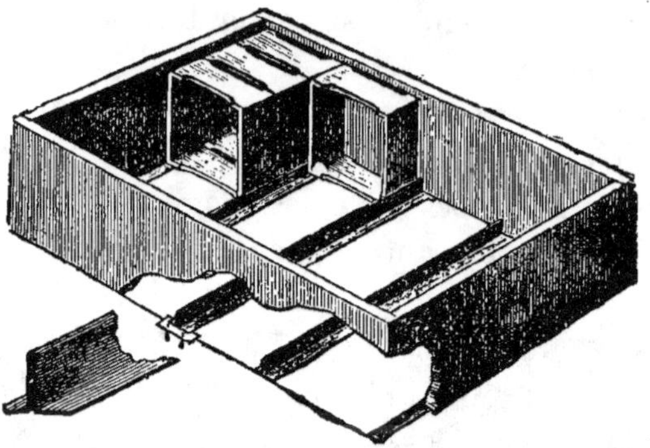

Fig. 34. — Casier à sections pour ruche à hausses.

trop propoliser, et il est aisé de prendre avec les doigts les extrémités des porte-rayons.

Séparateur vertical. — On trouve dans le commerce

Fig. 35. — Zinc perforé, laissant passer les ouvrières et arrêtant mâles et mères.

un séparateur généralement en bois et tôle perforée, pour exclure, des cadres à miel de la hausse, la mère abeille et les mâles. Les ouvrières passent à travers les trous et se rendent facilement au grenier à provisions. En pratique cependant, on a reconnu certains inconvénients au séparateur, celui en particulier de gêner les ouvrières dans leurs mouvements ; aussi est-il relativement peu employé.

Les hausses à cadres ou à sections doivent être faites de façon à pouvoir s'empiler facilement les unes sur les autres. Il fautqu'au moment de la bonne saison on puisse fournir aux abeilles de nouveaux cadres à construire et à remplir, sans quoi elles essaimeront infailliblement, ce qui causera une perte de miel à leur possesseur.

CHAPITRE XIII

LA CIRE GAUFRÉE

Le rayon artificiel en cire gaufrée est l'une des plus utiles découvertes de l'apiculture. Grâce à cette invention, les abeilles construisent leurs gâteaux de cire beaucoup plus rapidement; les rayons sont plus réguliers ; et on arrive à réduire au minimum le nombre des cellules de

Fig. 36. — Cire gaufrée.

mâles. De plus, on épargne aux abeilles une dépense considérable de miel. Des apiculteurs dignes de foi déclarent, en effet, que pour produire un kilogramme de cire les abeilles doivent absorber huit à neuf kilogrammes de miel (1).

On emploie deux procédés pour fabriquer la cire gau-

(1) Laisser aux abeilles, a-t-on dit, lorsque les fleurs donnent leurs sucs, le soin de bâtir des rayons, est aussi peu sensé que d'attendre pour construire les cuves l'heure de la vendange, et de dépenser alors le labeur de son personnel à meubler son cellier.

frée : le gaufrier à main de Rietsche et de Haineau, et les gaufriers à cylindres.

Gaufrier à main. — Le gaufrier à main se compose d'un moule en métal dont les deux parties, tenues l'une à l'autre par des charnières, portent en relief des rudiments de cellules, et s'ouvrent comme un livre. On com-

Fig. 37. — Gaufrier à main de Rietsche

mence par lubréfier le moule en y versant de l'eau miellée, puis on verse la cire fondue au bain marie.

On abaisse alors la partie supérieure du moule sur la cire avant que celle-ci ne refroidisse. La feuille de cire ainsi pressée entre les deux plaques de métal contient l'impression des bases des cellules.

On fait des gaufriers Rietsche de différentes dimensions (1) selon les cadres que l'on emploie ($0^m31 \times 0^m37$, 0^m33, $\times 0^m33$, $0^m27 \times 0^m42$).

Le travail que demande la fabrication des feuilles de cire gaufrée par ce moyen est lent et ennuyeux. On n'arrive pas toujours à un résultat satisfaisant ; aussi beaucoup d'apiculteurs préfèrent-ils acheter les feuilles de fondation aux industriels qui les obtiennent des machines cylindriques américaines.

Gaufriers à cylindres. — Les feuilles de fondation obtenues par le gaufrier à main sont molles, se brisent facilement et contiennent beaucoup plus de cire que celles que l'on obtient au moyen des cylindres. En ce qui concerne ces dernières machines, on réduit d'abord la cire en feuilles, que l'on pousse sous les cylindres, où elles sont soumises à une pression très considérable. En Amérique chaque année 500.000 livres de cire sont transformées en feuilles gaufrées par ce procédé.

Ces feuilles sont faites en pure cire d'abeilles.

Parfois, en Europe, des commerçants peu scrupuleux altèrent la cire en y ajoutant de la paraffine ou de la cérasine, mais en général la fondation qui résulte de ce mélange n'est pas acceptée par les ouvrières, ou, si les abeilles s'en servent, à la chaleur de la ruche le rayon obtenu par ce moyen se ramollit et s'effondre.

C'est M. Root qui, en 1876, fit fabriquer en Amérique la première machine à cylindres. Ce gaufrier se compose essentiellement de deux cylindres ajustés très exactement l'un au-dessus de l'autre et portant des empreintes qui entrent exactement les unes dans les autres. On glisse entre les deux rouleaux une feuille de cire assez mince à une

(1) Quand on achète un gaufrier, il est accompagné d'une notice très détaillée indiquant la manière de s'en servir.

température convenable, et cette feuille est saisie à l'aide de deux lattes de bois au fur et à mesure qu'elle sort des cylindres mis en rotation par une manivelle et des engrenages. Avant de les mettre en exercice les cylindres doi-

Fig. 38. — Machine à cylindres de Root.

vent être chauffés à 21° c. puis enduits de colle d'amidon très claire.

Le gaufrier à cylindres a été perfectionné par Dunham, Ohlm, Van Deusen. M. Weed a inventé une machine spéciale qui permet d'obtenir des feuilles de cire d'une qualité et d'un fini extraordinaires, de toutes les longueurs qu'on peut désirer.

Pour faire de la cire gaufrée à mettre dans les sections on se sert de gaufriers à cylindres qui diffèrent un peu de ceux dont on fait usage, pour obtenir les feuilles de fondation de la chambre à couvain (1).

(1) On prépare les feuilles de cire à l'aide de planchettes de bois sans nœuds, épaisses d'un centimètre. On les plonge dans de l'eau tiède, on les essuie à l'aide d'une éponge, et on les baigne deux ou trois fois dans la cire fondue, maintenue au degré le plus bas où elle puisse

On place sur un bloc de bois les unes au-dessous des autres les feuilles gaufrées, à mesure qu'elles sortent des machines, puis on les rogne aux dimensions désirées.

Fig. 39. — Gaufrier à cylindres perfectionné.

Changement de couleur. — Lorsqu'elles sont faites depuis longtemps, les feuilles gaufrées peuvent changer de couleur, et devenir si fragiles qu'on risque de les briser en les fixant aux cadres. En les chauffant légèrement devant le feu, on arrive à éviter cet inconvénient et on leur rend, en partie du moins, leur couleur primitive.

Accessoires pour la pose des fondations (1). —

rester liquide (64°). La planchette est ensuite plongée dans l'eau fraîche. Si on veut des feuilles de cire épaisses on recommence plusieurs fois l'opération. Après quoi on détache les feuilles gaufrées et on les laisse refroidir.

(1) Parmi les accessoires du rucher on peut placer encore le piège à

Pour fixer solidement aux cadres les feuilles de cire gaufrée, on se sert de différents accessoires et instruments. Tout d'abord, la cire se coupe avec un couteau spécial, composé d'une roulette en acier très coupante qu'on appelle le *couteau Carlin*. Il faut de plus se procurer un *fil de fer étamé* qui se vend par bobines chez les marchands d'articles d'apiculture, et que l'on tend à travers les cadres. On doit avoir aussi une *planchette* (1) qui sert à soutenir la feuille de fondation, sur laquelle on fixe les fils de fer dont nous avons parlé. Enfin, il faut posséder un petit outil très utile l'*éperon Woiblet*, que nous connais-

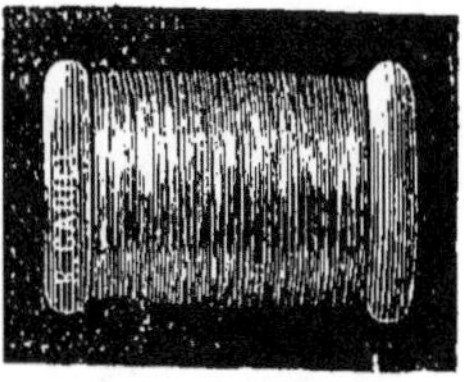

Fig. 40. — Fil de fer étamé.

Fig. 41. — Eperon Woiblet.

sons déjà, et qui consiste en une roue dentelée munie d'une échancrure, mobile à l'extrémité d'un manche en bois, et qui sert après avoir été chauffée, à noyer le fil de fer dans la feuille de cire gaufrée.

mâles. C'est un instrument en tôle perforée qui se place à l'entrée de la ruche et prend les mâles à leur sortie, tout en permettant aux ouvrières de sortir et de rentrer.

(1) Cette planchette a 12 millimètres d'épaisseur. On la fait de façon qu'elle puisse entrer facilement dans le cadre que l'on veut munir de cire gaufrée.

CHAPITRE XIV

NOURRISSEURS D'ABEILLES

Il faut nourrir les abeilles quand leurs provisions viennent à manquer ; il faut également les nourrir au printemps, pour stimuler la ponte de la mère et l'élevage des

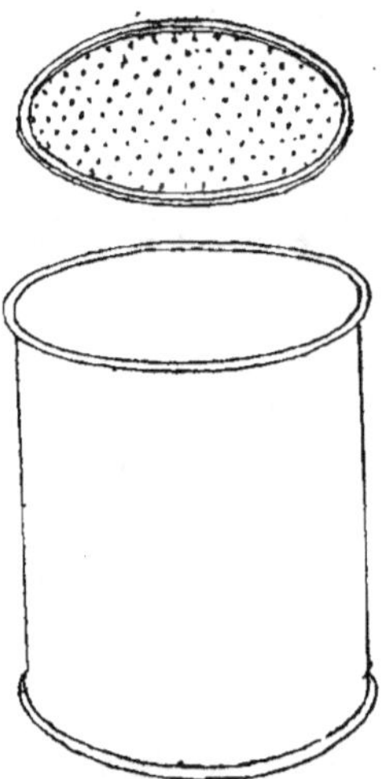

Fig. 42. — Nourrisseur Hill.

Fig. 43. — Nourrisseur perfectionné.

larves (1). Dans ce but on doit avoir des nourrisseurs qui fournissent aux abeilles les provisions en quantité

(1) Le nourrissement une fois commencé doit être continué sans arrêt jusqu'au moment de la grande miellée. Les abeilles en effet, élevant alors le couvain en grande quantité, ont besoin de provisions

suffisante, et où elles peuvent venir les prendre sans danger de se noyer ou de provoquer le pillage.

Nourrisseur économique de Hill. — Il consiste en une boîte en fer blanc, dont le couvercle est percé de fins trous. On le remplit de sirop, et après avoir mis le couvercle on leretourne vivement en le plaçant dans la ruche au-dessus des cadres. Lorsqu'on l'enlève, on peut glisser au-dessous de lui le coin d'un linge imbibé de carbonyle, pour faire descendre les abeilles.

Nourrisseur d'Abbott. — Le nourrisseur d'Abbott permet de régler la consommation. Il consiste en une bouteille à large col, munie d'un couvercle à fer blanc avec index, et percé de trous. En plaçant l'index en regard du chiffre correspondant indiqué sur une planchette, sur laquelle repose le nourrisseur, on peut à volonté nourrir lentement ou rapidement.

Nourrisseur rapide en fer blanc. — Ce nourrisseur est fait en fer blanc. Il contient au-dessous, un passage pour les abeilles et est placé sur une cavité découpée dans la toile cirée. A son centre est un trou, sur les côtés duquel est fixé un cône de fer blanc perforé pour permettre aux abeilles d'avoir pied lorsqu'elles grimpent. Ce cône est recouvert d'un carré de fer blanc perforé fermé par un morceau de verre, pour empêcher les abeilles

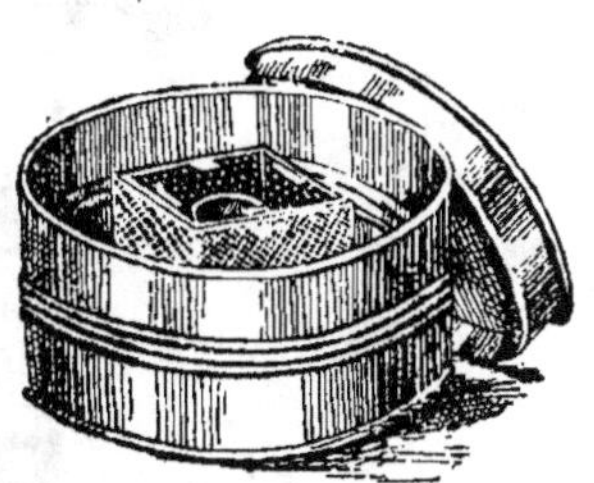

Fig. 44.— Nourrisseur « Le Rapide ».

abondantes. — Si on ne veut pas faire la dépense d'un nourrisseur on peut employer de la même façon un vulgaire pot à confiture, en verre, que l'on remplit de miel ou de sirop de sucre, et que l'on ferme à l'aide d'un morceau de toile à tissu un peu lâche. On retourne le pot en question et on le place au-dessus des cadres.

de prendre leur vol, et d'aller s'engluer dans le sirop. On verse le sirop dans le nourrisseur ; il passe à travers le carré de fer blanc, les abeilles montent le long du cône et

Fig. 45. — Nourrisseur Doolittle.

vont le boire. Ce nourrisseur est particulièrement adopté pour le nourrissement d'automne.

Nourrisseur Miller. — Le nourrisseur Miller est l'un des plus pratiques. Il permet de donner à l'arrière saison 4 à 10 kilogrammes à la fois. Il se place sous le toit, au-dessus des cadres, où il peut rester tout l'hiver. On n'a donc pas besoin de déranger la colonie, si elle est à court de provisions. Ce nourrisseur comprend deux compartiments contenant le sirop et séparés par un couloir où se rendent les abeilles pour s'abreuver.

Nourrisseur Doolittle. — Il a la forme d'un cadre à couvain fermé des deux côtés par une planche de bois ; on l'enduit intérieurement d'une couche de cire pour le rendre étanche, on le remplit, et on le suspend au milieu de la ruche. Il comprend environ un litre et demi de sirop.

Nourrisseur Alexander. — Il est très employé par les apiculteurs ; il se place sous la ruche que l'on repousse en arrière. Il dépasse de quelques centimètres sur le côté, et un petit bloc de bois mobile que l'on soulève permet de le remplir sans ouvrir la ruche et sans déranger les abeilles.

Nourrisseur Boardman. — C'est un nourrisseur d'entrée. Il consiste en un bocal avec couvercle en fer blanc perforé ; on le remplit de sirop et on le retourne sur un bloc de bois creusé à cet effet, et ouvert sur le devant. Il se place sur le côté de l'entrée, pour ne pas gêner les abeilles.

CHAPITRE XV

INSTRUMENTS NÉCESSAIRES POUR LES MANIPULATIONS

Enfumoir.— C'est l'instrument le plus utile au rucher. L'un des plus connus est le *Bingham*, qui envoie une fumée abondante et peut brûler plusieurs heures de suite,

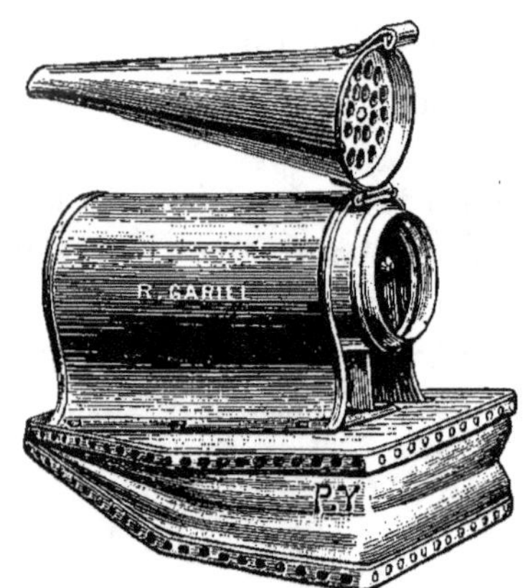

Fig. 46. — Enfumoir Bingham ouvert.

à condition qu'on lui fournisse de temps en temps du combustible. Il consiste essentiellement en un petit soufflet sur lequel est fixé un cylindre en fer blanc, terminé par une cheminée, et recevant l'air à sa partie inférieure. Il y a d'autres modèles : ceux de *Clarke* et de *Quinby*, et plus récemment celui de *Corneil* avec cheminée nouveau modèle, qui est très solide et très soigné. On le fabrique en trois dimensions. Citons pour mémoire *l'enfumoir*

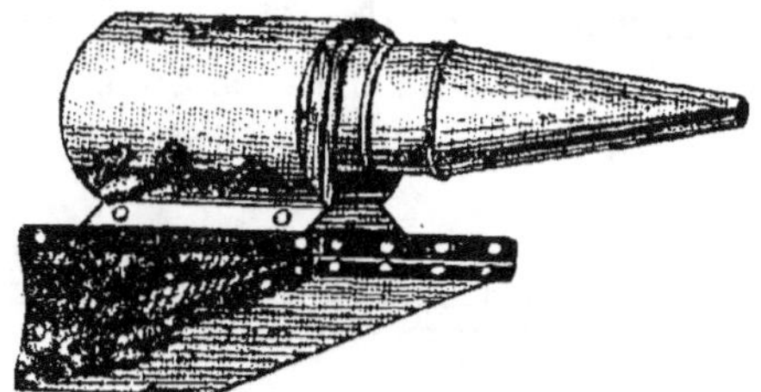

Fig. 47. — Enfumoir Bingham.

automatique de Georges de Layens. Le soufflet est rem-

Fig. 48. — Enfumoir automatique Layens.

placé par un ventilateur à palette que met en marche un

Fig. 49. — Chevalet à désoperculer.

mouvement d'horlogerie. Il peut marcher une demi-heure sans s'arrêter. Toutefois il est peu pratique, ne donne guère de fumée quand il en faut beaucoup, ou trop quand on en désire peu.

Chevalet à désoperculer. — Il ressemble à un pupitre à musique. Il porte des chevilles de fer sur lesquelles se posent les cadres, et c'est là qu'avec un couteau à lame mince, on décachette les cellules remplies de miel.

Fig. 50. — Couteau à désoperculer.

Ce chevalet se place au-dessus d'un large bassin en fer blanc, muni d'un tamis en toile métallique, qui laisse

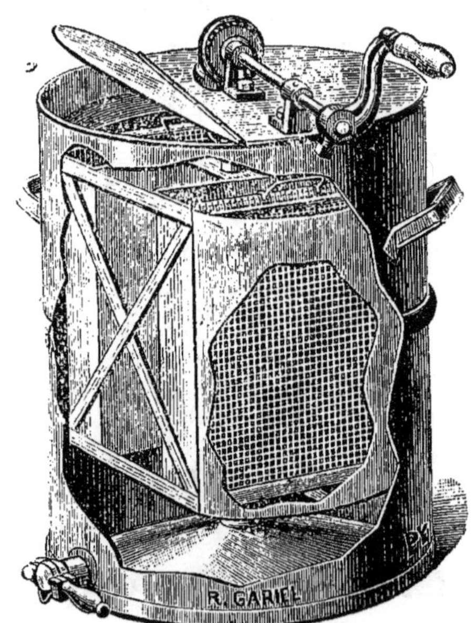

Fig. 51. — Extracteur avec engrenage horizontal.

filtrer le miel mêlé aux opercules. C'est sur les bords de cet ustensile qu'on râcle le couteau couvert de cire.

Couteau à désoperculer. — Pour désoperculer les rayons il faut un couteau spécial. Le meilleur est celui de *Bingham;* il est en acier, sa lame bien effilée n'abîme pas les rayons. Un autre modèle à deux mains qui est recommandable lui aussi, c'est le *couteau Joly*. Il faut, quand on désopercule, tenir le couteau au chaud, en le plongeant de temps en temps dans l'eau bouillante.

Extracteurs à miel. — Il y en a différentes sortes. Ils se composent de cages mobiles tendues de toile métallique et pivotantes, dans lesquelles on introduit les rayons désoperculés. Ces cages placées dans l'intérieur d'un cylindre en fer blanc sont mises en rotation rapide à l'aide d'une manivelle munie d'engrenages. *L'extracteur de Cowan* est un des plus pratiques : il est à cages réversibles. Nous nous servons de l'extracteur à 4 cadres de M. Gariel, qui nous a donné toute satisfaction.

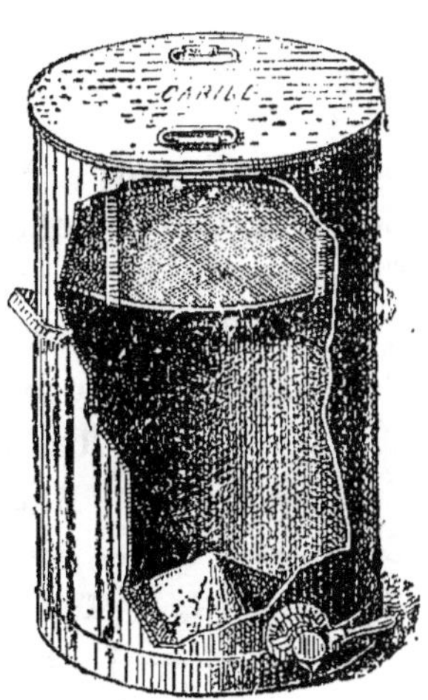

Fig. 52. — Maturateur à miel.

Maturateur à miel. — On appelle ainsi un récipient destiné à recevoir le miel sortant de l'extracteur. On l'y laisse séjourner quelque temps pour qu'il se clarifie, en laissant remonter à la surface les grains de pollen, les particules de cire, les abeilles mortes qu'il contient.

TABLE DES MATIÈRES

—

Poitiers. — Imp. G. ROY, 7, rue Victor-Hugo

www.ingramcontent.com/pod-product-compliance
Lightning Source LLC
LaVergne TN
LVHW020036170826
845678LV00001B/282

* 9 7 8 2 3 2 9 6 9 5 9 7 6 *